U0184784

季富政

-绘著-

巴蜀乡土建筑文化

手绘
四川民居

天地出版社

TIANDI PRESS

图书在版编目（CIP）数据

手绘四川民居 / 季富政绘著 . — 成都：天地出版社，
2023.12
（巴蜀乡土建筑文化）
ISBN 978-7-5455-7920-8

I. ①手… II. ①季… III. ①民居－建筑艺术－绘画－
作品集－四川－现代 IV. ① TU-881.2

中国国家版本馆 CIP 数据核字（2023）第 158793 号

SHOUHUI SICHUAN MINJU

手绘四川民居

出 品 人　杨　政
绘 　 著　季富政
责任编辑　陈文龙
责任校对　梁续红
装帧设计　今亮後聲 HOPESOUND
　　　　　2580590616@qq.com
责任印制　王学锋

出版发行　天地出版社
　　　　　（成都市锦江区三色路 238 号　邮政编码：610023）
　　　　　（北京市方庄芳群园 3 区 3 号　邮政编码：100078）
网　　址　http://www.tiandiph.com
电子邮箱　tianditg@163.com

经　　销　新华文轩出版传媒股份有限公司
印　　刷　北京文昌阁彩色印刷有限责任公司
版　　次　2023 年 12 月第 1 版
印　　次　2023 年 12 月第 1 次印刷
开　　本　787mm×1092mm　1/16
印　　张　21
字　　数　363 千
定　　价　88.00 元
书　　号　ISBN 978-7-5455-7920-8

总　序

季富政先生于 2019 年 5 月 18 日离我们而去，我内心的悲痛至今犹存，不觉间他仙去已近 4 年。今日我抽空重读季先生送给我的著作，他投身四川民居研究的火一般的热情和痴迷让我深深感动，他的形象又活生生地浮现在我的脑海中。

我是在 1994 年 5 月赴重庆、大足、阆中参加第五届民居学术会时认识季富政先生的，并获赠一本他编著的《四川小镇民居精选》。由于我和季先生都热衷于研究中国传统民居，我们互赠著作，交流研究心得，成了好朋友。

2004 年 3 月 27 日，我赴重庆参加博士生答辩，巧遇季富政先生，于是向他求赐他的大作《中国羌族建筑》。很快，他寄来此书，让我大饱眼福。我也将拙著寄给他，请他指正。

此后，季先生又寄来《三峡古典场镇》《采风乡土：巴蜀城镇与民居续集》等多本著作，他在学术上的勤奋和多产让我既赞叹又敬佩。得知他为民居研究夜以继日地忘我工作，我也为他的身体担忧，劝他少熬夜。

季先生去世后，他的学生和家人整理他的著作，准备重新出版，并嘱我为季先生的大作写序。作为季先生的生前好友，我感到十分荣幸。我在重新拜读他的全部著作后，对季先生数十年的辛勤劳动和结下的累累硕果有了更深刻的认识，了解了他在中国民族建筑、尤其是包括巴蜀城镇及其传统民居在内的建筑的学术研究上的卓著成果和在建筑教育上的重要贡献。

1. 季富政所著《中国羌族建筑》填补了中国民族建筑研究上的一项空白

季先生在 2000 年出版了《中国羌族建筑》专著。这是我国建筑学术界第一本研究中国羌族建筑的著作，填补了中国羌族建筑研究的空白。

这项研究自 1988 年开始，季先生花费了 8 年时间，其间他曾数十次深入羌寨。季先生的此项研究得到民居学术委员会李长杰教授的鼎力支持，也得到西南交通大学建筑系系主任陈大乾教授的支持。陈主任亲自到高山峡谷中考察羌族建筑，季先生也带建筑系的学生张若愚、李飞、任文跃、张欣、傅强、陈小峰、周登高、秦兵、翁梅青、王俊、蒲斌、张蓉、周亚非、赵东敏、关颖、杨凡、孙宇超、袁园等，参加了羌族建筑的考察、测绘工作。因此，季先生作为羌族建筑研究的领军人物，经过 8 年的艰苦努力，研究了大量羌族的寨和建筑的实例，获取了十分丰富的第一手资料，并融汇历史、民族、文化、风俗等各方面的研究，终于出版了《中国羌族建筑》专著，取得了可喜可贺的成果。

2. 季富政先生对巴蜀城镇的研究有重要贡献

2000 年，季先生出版《巴蜀城镇与民居》一书，罗哲文先生为之写序，李先逵教授为之题写书名。2007 年季先生出版了《三峡古典场镇》一书，陈志华先生为之写序。2008 年，季先生又出版了《采风乡土：巴蜀城镇与民居续集》。这三部力作均与巴蜀城镇研究相关，共计 156.8 万字。

季先生对巴蜀城镇的研究是多方面、全方位的，历史文化、地理、环境、商业、经济、建筑、景观无不涉及。他的研究得到罗哲文先生和陈志华先生的肯定和赞许。季先生这些著作也成为后续巴蜀城镇研究的重要参考文献。

3. 季富政先生对巴蜀民居建筑的研究也作出了重要贡献

早在 1994 年，季先生和庄裕光先生就出版了《四川小镇民居精选》一书，书中有 100 多幅四川各地民居建筑的写生画，引人入胜。在 2000 年出版的《巴蜀城镇与民居》一书中，精选了各类民居 20 例，图文并茂地进行讲解分析。在 2007 年出版的《三峡古典场镇》一书中，也有大量的场镇民居实例。这些成果受到陈志华先生的充分肯定。在 2008 年出版的《采风乡土：巴蜀城镇与民居续集》中，分汉族民居和少数民族民居两类加以分析阐述。

2011 年季先生出版了四本书：《单线手绘民居》《巴蜀屋语》《蜀乡舍踪》《本来宽窄巷子》，把对各种民居的理解作了详细分析。

2013 年，季先生出版《四川民居龙门阵 100 例》，分为田园散居、街道民居、碉楼民居、名人故居、宅第庄园、羌族民居六种类型加以阐释。

2017 年交稿，2019 年季先生去世后才出版的《民居·聚落：西南地区乡土建筑文化》一书中，亦有大量篇幅阐述了他对巴蜀民居建筑的独到见解。

4. 季富政先生作为建筑教育家，培养了一批硕士生和本科生，使西南交通大学建筑学院在民居研究和少数民族建筑研究上取得突出成果

季先生自己带的研究生共有 30 多名，其中有一半留在高校从事建筑教育。他带领参加传统民居考察、测绘和研究的本科生有 100 多名。他使西南交通大学的建筑教育形成民居研究和少数民族建筑研究的重要特色。这是季先生对建筑教育的重要贡献。

5. 季富政先生多才多艺

季富政先生多才多艺，不仅著有《季富政乡土建筑钢笔画》，还有《季富政水粉画》《季富政水墨山水画》等图书出版。

以上综述了季先生的多方面的成就和贡献。他的著作的整理和出版，是建筑学术界和建筑教育界的一件大事。我作为季先生的生前好友，翘首以待其出版喜讯的早日传来。

是为序。

吴庆洲

华南理工大学建筑学院教授、博士生导师

亚热带建筑科学国家重点实验室学术委员

中国城市规划学会历史文化名城规划学术委员会委员

2023 年 5 月 12 日

目　录

田园散居

田园散居

羌族民居

羌族民居

前　言

　　四川民居如其百姓，巧妙中见幽默，创造中擅融会。因四川百分之九十几的人口均是清初各省移民而来的，同居一盆地之内，共取南北风格，结合本地气候、地形等诸多特点，逐渐演变成巴蜀文化一个重要的侧面，观之令人回味，思之令人遐想。这是祖先留给后世的一笔巨大财富，也是一块刚刚开掘的处女地。作者10多年来，浪迹于巴山蜀水间，常被一些乡间小镇的优美住宅感动，流连忘返之时亦常借宿于其中，更发现这些优美住宅除建筑本身之外，围绕着她的居然还有那样多美丽的故事，也许这就是建筑文化中一些最活跃的生命因子。这种生命力已经延续了5000年，至今仍然旺盛，这是否是中华民族独立个性中的顽强和坚韧呢？区区土木结构，苍苍砖瓦之躯，难道竟有如此多的名堂？我们只采撷广袤山野间的近百朵小花，便可闻到她奇异的清香是何等的沁人肺腑。

田园散居

　　散居，是巴蜀民居自秦汉以来稳定的一种居住习惯，是"人大分家、别财异居"在住宅建筑上的诠释。2000多年来，它演绎出了场镇、城镇、城市。它在农耕时代就有效地推进了城镇化建设。

　　散居，无法形成以血缘为纽带的自然聚落，因为四川是一个移民省份。

　　散居的极致就是把单体做大、做全、做精，它的最高境界便是庄园。这在汉代就出现了。但无论多么豪华，一个单开间的草棚始终是它的原点。直到现在，广袤的田园仍是它们的故乡。

茅草房里的"嘎嘎"香

——川西草房

20世纪80年代，四川尤其川西仍分布着大量的草房，无论农村与城市，甚至成都街衢上，比如蜀华街就还有草房。草者，有麦草、稻草（四川叫谷草）、茅草、秸秆等多种。川西平原上多用麦草做屋顶盖料。川西不产煤，所以少瓦房，多草房，因此就形成了盖草房的市场，产生了盖匠、草房工艺、草房文化。

草房有四合院、三合院、曲尺形、一字形，和青瓦房形制没有区别。梁架也多用木结构，四壁和屋顶多用竹子做墙做竹网，以防草排滑落，因此没有桷子。

川西平原草房不是贫穷的标志，那时候流行一句话叫"茅草房里'嘎嘎（指肉）'香"，因为茅草房四周围护很严密，窗开得又小又高，据说就是怕别人看见里面的人在吃好的。

所有出土的东汉建筑明器几乎没有草房，说明古代川西人还是企盼住瓦房的，有瓦房存在。据说用草木烧瓦，窑温不够，要烧七天七夜，成本很高，一般人家用不起，所以那些明器多是富贵人家留下的。

／＼ 龙泉驿山区草房一角

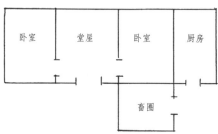

∧ 一般川西平原草房平面示意图

祖母的杉皮老屋

——彭州银厂沟某宅

杉皮盖房子，吸水性强，不易挥发，要不了几年，屋顶就长满了绿茵茵的青苔之类，春天有的还开花。炊烟升起，还老在房子周围缭绕，像给房子罩上一层纱似的，久久不愿离去。民间说那是祖母的灵魂，冬暖夏凉是她的性格，老杉皮屋是她的身躯。所以它特别厚重，特别亲切。

川西北一带盛产杉树，树皮剥下来可当瓦盖房。杉树直挺，不易蚀朽，不易变形，是四川农村首选的建房木材，俗称本地杉。它全身是宝，树叶做燃料时还发出好听的"嚓嚓"声，同时散发出一种迷人的香味。

/\\ 杉皮老屋全是木头构造，物尽其用

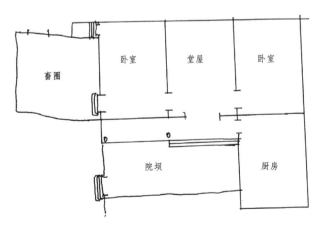

/\\ 杉皮房的一般平面示意图

以风立意的佳构

——峨眉山凉风岗余宅

上峨眉山的老路，原要翻过名为"凉风岗"的山
垭口，岩陡风大，为县城上山途经的第一座山峰。有
姓余的宅主于民国二十七年（1938 年）在此利用风为
资源，建宅置廊，获得丰裕的收入及过客的称赞。余
宅以风立意的构思，是把对风向、风量的控制、调剂
作为立意核心，使建筑形成全开敞的山道过廊、半开
敞的住宅堂屋及封闭的房间三部分。这三部分由于分
析客人心理至微，进而在结构上巧妙处理，使不同的
空间接纳不同的风量，满足了游客上山热累时，对于
凉风先强后弱、调剂有度的生理和心理上的需要，结
果大得商业之利，又受到广泛称赞。

宅主余春和 84 岁，言全盛时小店一天卖三斗米
的饭，全仗房子修得机巧。山道过廊风最大，为满足
游人刚上山顶最热累时之首要，亦可稳留客人，使之
产生眷恋，感到舒服。半开敞的宅内堂屋各门，犹
如调控风量的阀门，要风多大，门就开多宽；此为敞
厅，不仅纳风，更可一览峨眉山半壁美景，亦是构
思的精华部分，权作"半风半景"。封闭房间为宿客
用，方格窗上糊皮纸，可开启。盛夏时若下榻此店，
在过廊"全风"和敞厅"半风"充分纳凉之后进入房
间，气温适度，酣睡一场，恰到好处。

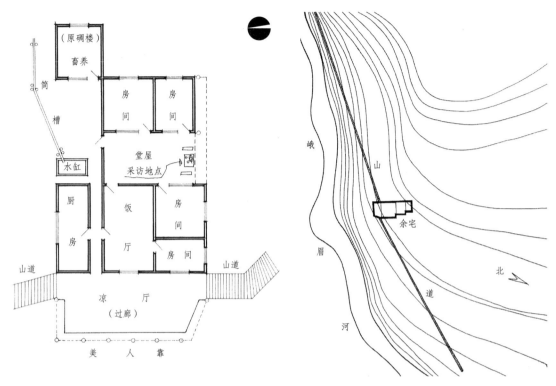

/∧ 峨眉山凉风岗余宅平面示意图

密林中的风水住宅

　　人类竭尽自然，或资源或能源，挖空心思以其中一二，或风或水，赖以建筑，巧以利用，互为因果，大得生产生活之利。其朴质高妙之处，往往如大师笔触，虽拙犹神。真率隽永之气，乃生命创造张力所致。峨眉山龙门硐峡谷两山之腰各有一民居，倾其自然之利，极尽得天独厚的自然条件，化害为利，趋利避邪，因风因水选址建房。虽一宅高悬峰巅风口，一宅冷背阴湿林莽，诸诸种种，自成一番质朴独到的理解和处理。执着之心，水到渠成。观照巨匠炉火纯青的另一极端，童心与天真，诚挚与笃厚，构作虽简朴，同样让人回肠荡气，叹为观止。

/∧ 峨眉山凉风岗余宅过廊岩壁挑出美人靠，为上山游客的最佳休憩空间

以风立意凉风岗

　　峡谷西面山腰有一小地名为"凉风岗"者，顾名思义，一因岗，二有风，三才凉。素荒岭风口，却是去峨眉山最具园林色彩的清音阁景点的千年朝山古道必经之地。山道凿岩而置，一侧为峭壁，一侧临深渊，由县城来，为途经的第一座山峰。以山麓的峨眉河计，约3里陡坡。若从山上回途，为最后一坡面，即是说无论上山下山，过凉风岗都有一段同样陡峭、同样长度的坡路，同样足使人累得一身大汗。凉风岗垂直渊谷峨眉河河面200多米，悬崖险峻、深河咆哮，造成惊心动魄的景观。因公路修通，古道荒僻，恰万物竞争，花草闭径，蝉鸟喧嚣，风声猎猎，反成一方山野乐园。这由白垩纪晚期喜马拉雅运动铸成的地质构造，山岗几无平地。除茂密的林木丛竹外，就是风。相对而言，凉风岗名为山峰，实仍属峨眉山山麓地带，海拔700米左右，亦处在亚热带。低山

之域，夏天阴湿闷热，游人多抱怨，而峨眉山道尽在密林溪谷中盘旋，开阔面少，密而不透，空气凝滞，尤为低山高温之区。然中、高山区，本已气温渐低，不动则凉，稍息即可缓和热意。低山无风难熬，唯四面凌空之地有风吹来的福分。凉风岗得天时地利之便，能化解进山客人第一趟大汗之苦，"人和"之善，唯此地建房是最。若施展商事，定然收益颇丰。此为其一。其二，过去香客游人多中老年人、文人和妇女，步履蹒跚，一早由县城或报国寺步行而来，到此正是晌午，饥、渴、热、累一并袭来。倘有一荫蔽凉爽、饭水充饥之所，"不

峨眉山凉风岗余宅一角速写

/\\ 峨眉山凉风岗余宅采访速写

如一方乐土，更是众生仙地"，难有不驻足片刻者。无论怎样盘算，万般之先，尤以风为最，"风"字当头，先凉为快，方可稳留过客；然后才有水、食、宿之利，故建房之要，立意唯风。不然弃农经商，铤险风口，倒不如退回原农耕之地，图个小康。当然，以风为立意，绝非"兜风"以慰游客而完事大吉。风向、风量的把握和调剂，即以什么方法给客人多少风乃立意核心。要达此目的，亦需找到建房之关键，这正是"风建筑"的精髓之处。

此房始建于何时已不可考，现宅主余春和84岁，言生时房已存在，民国二十七年（1938年）遭火烧，现状和"火烧前一模一样"。他当时已30多岁，亲历重建事宜。于此纵观余宅先主，平面布局上，不以傍岩取土做杯水车薪之劳，而以砌垒条石、高筑台基求得理想平面，更可以获得大壁堡坎立面以面迎风势，借以实现"风"构思的第一步骤。此作非同小可，他就在以朝向调整风向上，铸成立意于风的基础。凉风岗有两股风最烈，一是冬之北风，二是夏之河谷风。要避开两股风直吹，唯坐北朝南最佳。欲得此朝向，必须于南砌筑高大坎壁。除获平面外，更获立面，造成和风向成垂直状态，把风于此化整为数股，分化其锐势和烈劲，适成和缓轻微之风。但若仅此一大立面坎壁，恐不易达此目的，故在壁构思上退收一半面积，深约1米，形成"风港"，平面即成"⌐"形。风为无形之水于回旋之地，其势自弱，当然，"削弱之风"是相对而言。不

∧∧ 峨眉山凉风岗余宅现场手稿

过，在几波几折，输送到各空间之后，就恰到好处了。

由此而来横骑在山岗与山道上的空间，主人在南向立面做了接纳风量的三种处理。一是开敞的山道过廊占到全建筑平面及空间的四分之一，以悬空"吊脚"式做纯粹公共空间。从坎壁处理后的余风可绕流通过，为了在风量较大时亦满足游客刚爬上山顶，最热时之必需。空间宽大明亮，结构粗壮牢实，美人靠曲置凌空一面，宽若单人床，约两寸厚。这足见主人洞察游人特定环境中的心理的秋毫之末，又传导出传统道德通过传统空间组合强劲地表现出来的美好的一面。此为"全风全景"，三面俯仰自如，形、色、声俱佳的立体山水，又得凉风助兴，纳风观景，景情最易交融。得此良辰美景，谁不愿它永驻心身，故此宅极易稳留客人。此为余宅精华之一。二是半开敞的堂屋仅朝南面全开敞，内封闭。有通往厨房、房间的门若干，同为通风之用。全关上则无风，开一道门即形成流通，要多大风，就开多大门，门成为调剂风量的"阀门"。门全开，反成在堂屋内绕流的微风。堂屋为通往各房间的公共空间，为家人客人会聚之处，太凉太热均不佳，非微风莫属。加之南面可一览峨眉山色，亦见主人空间划分用心良苦。此为"半风半景"，亦是余宅风立意的精华之处。三是全封闭的房间，只有窗户可通风，有窗门可关闭，外糊皮纸。若在盛夏时下榻此店，在"全风""半风"纳凉足够后，山区之夜，暑气尽遁，进入房间，酣睡一场，恰到好处。

风为雅物，亦是灾星。若按地形，实地筑台安全即可。然取其一部伸出做廊，凌空而翔，风感凉意大增。这就紧扣了地形、地名、气候特点，平添了特定环境的特定气氛，给游人以舒适，又给游人带来求奇探险的心理满足。悬廊一做，兼顾了二者，多此一举，成全了风的立意；又为开章篇，整体而言，最为紧要。淳朴之气至为风雅，若无以风为中心的周密构思，省事求变，不做风向风量的处理，游人到此，顿感风口浪尖，凄厉号啕，不迅急逃之夭夭才怪，还做什么生意，真的喝西北风了。由此可见，"风建筑"犹如写一篇文章，立意是风，欲以风源转换成财源，围绕风为核心主题，展开层次清晰的石头与木头的论证，神游这般智慧与平凡的深邃，逻辑缜密的纯美，亦如夏之酷暑上了凉风岗，大感清爽痛快。

情理可掬水崇拜

——峨眉山筲箕槽施宅

此宅居于峨眉河出山口的半山上,名曰"筲箕槽朱麻岗"。民国六年(1917年),宅主施少华因一股质地纯美的泉水于此选址建宅,透溢出人与自然至亲至密、须臾不可分离的原始关系。

宅主考察了源头、水质、地质、地表、气候、消防、劳力节省、传统建宅宗法仪教的关系后,决定利用自然之利,不顾传统住宅的中轴约束,把水的安排作为建宅考虑的第一因素,直述山区农民因地制宜的机智,表达出"天人合一"为最高宗旨的朴素实践。宅主把泉水引入室外、室内两部分,然后由高到低用竹筒剖开或打通做笕槽,分流到生活、生产等不同功能的区域。最洁之水经水缸过滤后作为饮用水居上层、中层室内,非饮用水居室外;下层作为过路客和畜生清洁之用。于是竹笕槽重叠排列,蔚为壮观。如此,就改变了沿等高线布局住宅的传统平面模式。

祖堂没有了,中轴线形存实亡。此层呈下落垂直于等高线的台阶式平面,均为水之利于坡地地形的特点所带来的变化,在封建时代不啻是大胆的行为。然就生存与信仰而言,显然生存应是第一位的。再则垂直于等高线的宅向布局虽花费

峨眉山筲箕槽施宅施宅利用坡地地形的特点,引水至宅,形成了这一小巧别致的居住小宅

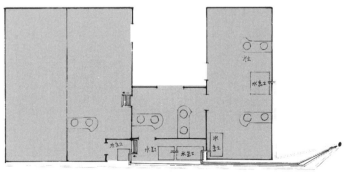

峨眉山筲箕槽施宅平面示意图

∧ 峨眉山筲箕槽施宅现场速写

更多的钱财，但不仅开创更多的空间，还和河谷风撞个满怀，亦可扫荡因水引起的潮湿。诸般种种，使人感到百姓建宅用心的良苦。

因水建宅筲箕槽

和凉风岗相距三四里的斜对面半山上，名"筲箕槽朱麻岗"，有一施少华宅。此宅因水得宅，或因宅置水，姑不偏述，然二者相互依赖造成的水与宅的亲密关系，及烘托出的人与自然的原始气氛，似乎委婉道出一个民族的古老信仰。崇尚自然并融建筑为一体，以此为乐，枕其终身，以情赋之，以理度之，并把这种"天人"关系推向高于一切、二者须臾不能分离的境界，而胆敢在选址和布局上犯忌犯难，皈依于顺其自然的最高宗旨。

宅主 78 岁，言宅不过 100 多年历史，民国十五年（1926 年）大修一次。先辈就为"一股水"在此建房，世代相袭，几次欲搬家至平坝，皆因泉水之便情感太笃而不忍舍去。峨眉多雨，平地冒出几股泉水不乏其他，施家何以敢冒屋后渗水、风水术相宅大忌，在此垒石兴宅呢？宅主有几点理由是服人的。一是泉源高远，泉路长，水质自然清洁甘洌。施宅在半山腰，后半山缓缓斜上可上溯三五里。坡面丰茂林草覆盖，能渗透进地表下的水，极易涵留，且细水长流。若大雨倾下，多余者从地表上流走，泉水无时多时少、时清时浊变化。二是此处为碎石与沙泥结构地况，下巨石底盘，水不是从其间渗出，恰如一大过滤设备，不太可能造成顺层滑坡和其他性质的泥石流灾难。历史上亦无此先例。三是可减少挑水时间和降低劳动强度，这个账一辈子总算是惊人的。四是如果说靠泉太近、又引泉入室造成了潮湿之弊，正如此带来了筑基、朝向、平面等系列变化，迎来了顺河风，取得了高燥之利。五是水缸层层排列，常年满水，除起再过滤作用外，亦是良好的消防水池。以上诸利，诚然就带来了传统空间组合与功能上的变化。

首先是常用水之地，诸如厨房、牲畜圈等地被统归于区域，并着实地，以便利水的进与出，尽量缩短水路进屋距离，以笕槽置于室外，尽可能避免潮湿之害。于是，平面划分上把一家包括已分家的子女的厨房统置于近水的几间平房之内，一间两灶，相互紧邻，显示出家族繁盛的热闹气派。一间厨房正处在中轴线上，等于取消了原本该供香火的堂屋。家无神位，数典忘祖，犯了礼教大忌，亦搅乱了四川分家立灶免生口舌的民俗。然而相比自然法则的神圣崇高和生存环境的现实，只有视而不见了。二为牲畜区域，一律于实地的下一台面布置，猪、牛、羊、鸡，统而有分于一大空间，并有笕引渡水入圈冲洗，一切井然有序，清洁卫生。三因失去香火堂屋，尊卑无据，"灶神菩萨"反居其上。众口都以利于生产生活、身体健康为准则，房间寝室、储粮藏种全在楼上或有地楼的空间，亦反映了国人随遇而安、变化有据的灵活生存态度和优美的世界观。

以上三种各得其所的空间变化及功能归属皆因泉水之利引起。至于傍属的具体做法，诸如泉眼高于基面，以各水缸高度为基本点，分笕槽若干连接泉眼层层跌落。还为设置水缸划分出专用空间，并为漏水、废水劈出畅流斜沟，等等，都妥为细致地得以完善。最后还特意设置了一笕槽在大路旁，供过路人洗用。

仰韶公社时，先人们就居于河谷两岸。《三国志·魏书·乌丸鲜卑东夷传》

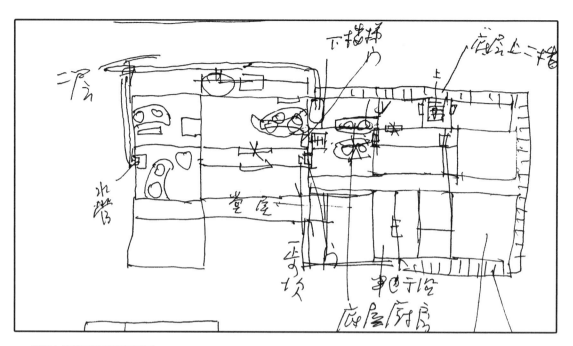

⼋ 峨眉山筲箕槽施宅现场速写

⼋ 峨眉山筲箕槽施宅侧立面速写

记载："随山谷以为居，食涧水。"至唐宋，从东北到西南，"俗重山川""因谷为寨"，建筑显然都离不开涧水。以竹木为笕为槽，必然是祖先的遗制。四川新津出土的汉画像砖，其中就有利用竹笕引井盐渡山越涧至盐锅内煎熬的图像。近有争论说，小三峡大宁河半岩上的石方孔，并非为栈道而凿，而是如上叙述，专为架设渡盐水的笕槽之用。闵叙《粤述》称之为竹筒引泉："竹筒分泉，最是佳事，土人往往能此，而南丹锡厂统用此法。以竹空其中，百十相接，蓦溪越涧，虽三四十里，皆可引流。杜子美《信行远修水筒》诗云：'云端水筒坼，林表山石碎。触热藉子修，通流与厨会。往来四十里，荒险崖谷大。'盖竹筒延蔓，自山而下，缠接之处，少有线隙，则泄而无力。又其势既长，必有楮阁，或架以竿，或垫以石。读此六句，可谓曲状其妙矣。又《示獠奴阿段》云：'竹竿袅袅细泉分'，远而望之，众筒分交，有如乱绳；然不目睹，难悉其事之巧也。"竹笕引水之妙被闵叙描绘得绘声绘色。虽然现代城镇用上了自来水，但在山区，譬如四川盆地周围和南方山区，此制仍广为使用。由此而引起建筑变化，与前述风对建筑的影响同出一辙。虽一是有形，一是无形，然情与理则是完全一致的。若我们深入下去，就可发现自然之利弊于建筑，某种程度上平衡的力量仍握在人的手中。提取凉风岗、朱麻岗"风"与"水"两家的创造心理及举动，无非是为了挖掘蕴含在群众中的古老创作意识和经验。于此民间建筑迅猛地消失，已寥若晨星之时，确使我们看到人民如何在开始时能动地创造在观念中的建筑活动。在这一自然现象引起的活动中，首先是他们对于生活的感受和处理的统一，是他们长期反复认识生活的结果，是他们经历了种种生活斗争与磨炼，积累了丰富的间接与直接的生活经验，有着一个从感性到理性的长期认识过程，而这一过程是和大师们相同的。不同的是大师们力求以相应的空间形式回答他们所生活的时代向建筑创作提出的重大问题，以及由此而进行长期艰苦的思考探索和实践，并在头脑里进行苦恼而愉快的斗争。这就使我们看到越是大师，越是不满足于对生活的一知半解，越是孜孜不倦地追求生活经验的丰富和广阔，如同其他创作领域里的大师们一样，无一例外地不对生活采取轻率的或浅尝辄止的态度。

是街非街两人家

——巴东楠木园向宅、谭宅

四川、湖北交界山区一些场镇，不少居民两栖于农商之间。平时种庄稼，赶场（集日）做生意；家安在场镇街上。涉及建筑自然就有从属于业态的问题，比如，不是天天都开门做生意，铺面的立面（外墙）往往就不是全打开，而是开窗式，下设裙墙式，内部还因肥料问题而养猪设圈。这种生存模式及空间载体在中国集中表现在川渝地区，深层原因是川渝地区历史上没有自然聚落，而只有市街形态的场镇。"两栖"之人，商业不足只有用农业弥补了，或相反。这就形成了上述业态影响形态的结果。所以，人文对建筑的影响大于自然，由来已久了，而川鄂交界山区亦然。

巴东楠木园向宅、谭宅江边鸟瞰

向宅、谭宅平面示意图

畜圈　堂屋

过路屋　卧室　卧室　卧室

铺面　铺面　铺面

由码头上来　去山里

向宅　谭宅

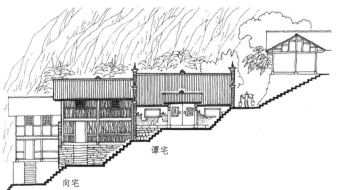

谭宅

向宅

/Λ 巴东楠木园向宅、谭宅立面示意图

龙门山麓普通人家

——绵竹龙门山麓某宅

20 世纪 80 年代中期，我骑自行车从安县沿龙门山麓南下考察民居，行程好几百公里，经过什邡、绵竹、都江堰、崇州、大邑、邛崃、蒲江……一直到峨眉，费时一个暑假，最后回到峨眉学校。考察原则：一定不离山麓，处处能见盆地西缘龙门山脉，而后邛崃山脉大山。所见民居，一定是山与平原交界地带的，有着受山区与平原气候、人文影响的老百姓住宅。结果，多数就如画中的房子，全部由草、树皮、小青瓦、木柱子等生土材料盖成。大概都有一段时间了，各种搭建、堆砌与树木、草丛全混在一起，建筑与自然相拥，发育到了天成的境界。随处所见已不是建筑概念，全然一幅全生态原始场面，真是美极了。我想这才是真正的川西。

/∧ 绵竹龙门山农舍老屋前草木
　　蔽径，房屋与草木已成一体

/∧ 绵竹龙门山农舍平面示意图

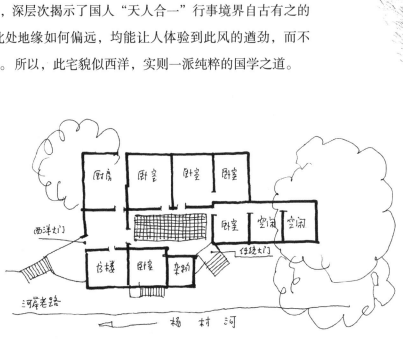

阅尽人间是春色

——洪雅柳江某宅

　　柳江杨村河旁有好几家高素质的民居，家家内外皆不同，皆卓有个性。有王留学生宅、尹道源宅、曾巡抚宅。此宅算面积最小，时间最晚者，谓之民国建筑。它的迷人之处在临河里面空间的处理上，可谓全景山水纳入眼底，阅尽人间是春色。这是一个算尽环境和住宅关系的佳例，犹如枕着河岸、大树而栖的美宅。

　　青衣江支流杨村河两岸聚集了不少优美场镇，场镇中又汇集了若干优美民居。除了柳江几家王姓大户，着实优美者太多，多只记一时，过几天就忘了。如此图柳江某宅，外观上可以说是柳江最洋盘的，不仅因为建于民国年间，受了西化之风影响，还因为根本上就是造型结合环境，彰显了文化极高的设计理念。尤超前性之临河设廊开大窗一式，展现了当今时尚风向的原因，深层次揭示了国人"天人合一"行事境界自古有之的民间风范。不论此处地缘如何偏远，均能让人体验到此风的遒劲，而不只是西方文明独有。所以，此宅貌似西洋，实则一派纯粹的国学之道。

/\\ 洪雅柳江某宅平面示意图

/\\ 洪雅柳江某宅可在其上吹牛、喝茶、看风景的美人靠

杨村河畔某宅临河风貌

剑阁这厮玩烟屋

——剑阁下寺张宅

此宅也是建了一阁楼在堂屋的上空，但受战争影响并没有完工。宅主不是以高屋高阁诠释行善，而是享受天高气爽、腾云驾雾的逍遥，据说是开烟馆之用。宅主仁兄颇具空间想象力，拿鸦片挑战天地祖宗神仙，胆不可谓不大。不过也是，烟瘾来了，六亲不认，谈何堂屋神位中轴，干脆就在这一群木脑壳上修一间专门抽大烟的房子来，看他把老子咋个办。

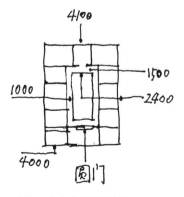

/\\ 剑阁下寺张宅平面示意图

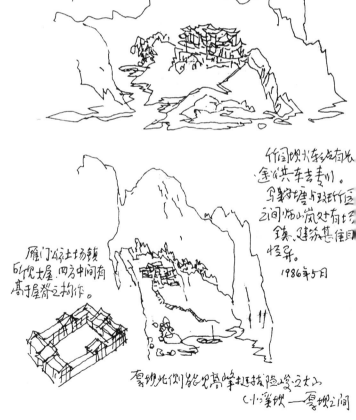

/\\ 剑阁下寺张宅现场速写

剑阁下寺张子晃宅，遂宁人，鸦片生意发财，尚未竣工就解放，故有部份装修未完。临街而建。下房中间进门作圆形。整个建筑特点在上房堂屋上作歇山三层阁楼尤为罕见。估计有继续利用"风光房子"开烟馆的用意。因下寺是一个很偏僻地方。

但又有作善堂之嫌。同类见王石柱王场王云中宅。江北县静观场汉滩口。

忆写2004.12.
原稿88.5.

∧∧ 剑阁下寺张宅透视图

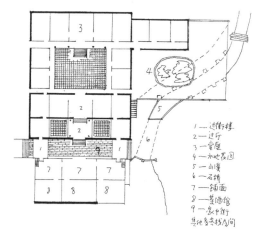

忠县涂井赵宅平面示意图

图例：
1—过街楼
2—过厅
3—堂屋
4—水池花园
5—山峦
6—石梯
7—铺面
8—茶酒馆
9—家中街行
基地多变栈向阳

霸不霸道宅中看

——忠县涂井赵幺店子

　　把一段山道纳入家中穿过，然后加宽成一条街道，一边开茶酒百货铺子，一边开栈房，至于像不像条街，关键还在两头立起一个过街楼。所言元素，过街楼都有了，难道还不是条街吗？赵联云宅离涂井场约一里左右，宅主梦想如何把赶场的人吸引到家宅中消费，辗转反侧得出结论：只有拥有街道，才能构成商业气氛。于是民国初年成就了此宅。

　　不要小看此一曲蜀中民居小调，它实则诠释了巴蜀无自然聚落的原本，即生存基因上就没有自然聚落的存在。原本者，都是外省移民后裔，缺少自然聚落的血缘关系，因此，人们入巴蜀境，看重的就是街道。所以，赵联云宅就不稀奇了。

忠县涂井赵宅透视

八 忠县涂井赵宅剖面示意图

忠县涂井赵连云宅建造之宅，乃是一般的乡店子弟一派庄园，初始状况之川中集会堂、住宅庄园多信一陈的综合屋、居居已皇川人粮社会杂而有厅的依旧高也九玉年写

遐想与现实
——忠县涂井与赵联云宅关系谈

在三峡考古发掘的消息中，常有"涂井"这个地名出现。出土汉代明器里亦有陶屋之类，它因此成为我对三峡古场镇古民居美妙想象中的契机和引子，跟随着这些陶屋形象去遐想去猜测，涂井场镇定然有汉代延续下来的建筑遗风，那里当然是非去不可了。

东到长江支流汝溪河西岸，透过车窗，汝溪河在一条深深的峡谷中穿流，不一会儿窗外对岸出现一个平静小场镇。因是微雨，山野一片淡蓝，弯弯的街道，屋面特别抢眼，和其他屋面组合在一起也泛着好看的蓝色调。由于景物远而依稀模糊，不甚清晰，恰如藏着神秘，亦诱惑着人们去看个究竟。

小场镇似乎早已凋败，清晨石板街上稀稀落落三两行人，几棵大树昭示着丝丝古风韵致。从选址上看，涂井场处在汝溪河中下段，正是其上游汝溪场集流域之货物、旅客下长江，到忠县城古往今来大道上的前哨性场镇。一条小溪和汝溪河在峡谷台地旁交融。若以距离来估计，正是从汝溪场下来吃午饭，忠县城上行必住一宿的恰当地址。

过去川中场镇，有很大部分兴于幺店子的发展。所谓幺店，多单户或几户人家于道路旁的商业行为而谐称，意为很不起眼的房子，很不起眼的生意。但它的选址是很讲究的，是深刻洞悉行人时间，把握午饭、住宿两大时间段，在道路某一恰当点做出的准确选择。唯有午饭和住宿能产生经济效益。为了这样的选择，店主往往又寻觅有流水、山石、大树、竹笼、小桥等风景的美好之地，目的仍是吸引过客于此一餐一宿。如果历史上某一时期旅客多起来，幺店子做生意的人就会多起来，房子紧挨着也建起来。再则，若这样的场镇周围农业也很发达，此场必会产生场期，有场期之后就会产生各类农副产品约定俗成的市场分布。如有臭气的猪市必定在离人流较远的场外，细软的百货多处集市中心。若幺店子周围荒山野岭，纯粹为"过路场"，那就要看路人是否长盛不衰了。

笔者1964年在汝溪区管辖的赶场公社搞"四清"时，涂井仍没有通公路。烧煤从几十里外和社员一起去挑，备尝劳累艰辛。君不见古代更萧瑟，人口稀少，森林加野草，虫劣又盗匪。可以想象涂井场之成纯以幺店子论恐怕是至理。

经访问和查资料，涂井即此地有盐井而来，也算是一个小小的工矿型场镇，但又处于汝溪到忠县的"盐路"中间，应是因盐和交通而形成的山区小镇。在它附近发掘出汉墓，墓中又罕见蜀汉时期的陶屋之类，亦可推测汉末此地因产盐已有相当规模的聚落。小小涂井场，历史悠远无疑。

还在涂井场河对岸山路上时，就隐约看到场口上游方有一大宅鹤立鸡群。待过河爬坡穿过场镇来到大宅前，果然是一组气象不凡的建筑组合，让人顿时惊叹起来。宅主赵联云早已仙去。今宅主和附近百姓说不出赵何许人，更不知道住宅建于何时。笔者据建筑和木石成色判断，宅不过清末民初兴建。关键不在宅主和住宅年代，而在此宅设计透露出来的诙谐构思和空间个性及强烈的区域建筑文化情调。

赵宅选址一小溪与汝溪河相交的陡岩山。它的精彩和不俗不在传统的中轴对称格局，和一贯的坡地分台构筑上。赵宅的谋筹集中体现在最低一台的空间组织中，核心是把过路山道纳入宅中。宅中一段约16米，赵拓宽道路约4米，全部精心嵌制条石路面，并取中点开梯开门以全中轴线起始，言下之意此段过路山道同为私家道路加庭院，而不是一般公共山路。为了加强这种空间的归属性。赵在"街道"的两端各修建了一个非常漂亮的过街楼。过街楼为歇山顶，楼上同为空中过廊，下连临河房间，上去主宅下房，于此沟通临河房屋二层和第二台面之间的室内交通关系。此作亦告之路人：这是赵宅的私家住宅范围，正是家人常走动的地方，之所以过街楼下不设栅子门之类，同也为路人遮风避雨着想，同也是白天晚上可畅行的公共通道。但又毕竟是私家范围之内，似又有提醒路人言行检点的隐情。

上述赵联云建宅子大路之上的诸般良苦用心背后，仍深藏着生意经的内核。赵宅距涂井场街上500多米，若建筑做得一般，也就是幺店子作用，无法吸引过客于此消费大宗。所以赵索性做一条街起来。路太短太窄不像街怎么办？第一，加宽街面，用条石铺地，此涂井街上做得更好。第二，街两端各建一过街楼，以特定街道小品建筑诠释"这才是真正的街道"。第三，在临河又靠街的一侧建一排店铺形成商业气势，什么生意都做。第四，建筑工艺做得比涂井街上任何一家都好。这一来，就把涂井场本来就很简陋的街道及建筑推到一个很尴尬的地位。于此似还不足，赵又在和涂井场相对的住宅一侧的山溪上架桥设石

1999.3.27　　　　　　有赵连云宅小记　　　　　　晚上步行2公里宿于达州坊小周

忠县净井，农民自生发，小姑居进。

真石峡谷者的水坊，请好中的住双搽山岩粗胶黑里瓦白墙一围，又清水款的辟者，别另段私美者。

天下之大事也，多如宫宅了提供其一偏绝对的研笔老视

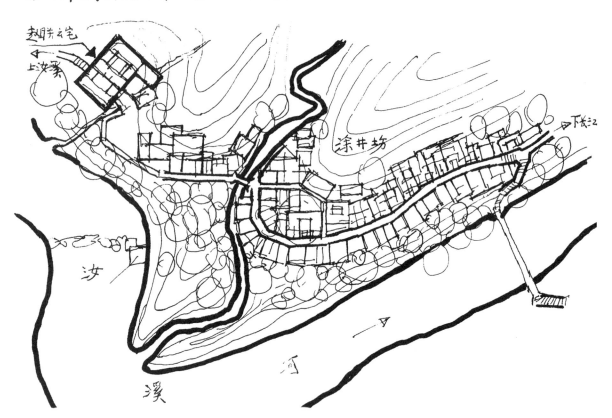

⋀ 赵宅与涂井场关系手稿

栏，另一"高架"桥上做水池、假山、花园，极乡土极朴实地烘托出"小桥流水人家"气氛，以增强建筑的文化内涵，以文化辅佐商业目的。在荒僻的山乡，人们何曾见过此般纳街于内宅，又有花园在一旁的庄园，似街道又是住宅？自然，美名不胫而走，引来赶场人、过路人，甚至附近百姓专门来此聚会与观赏。于是或为晓之山乡的一大人文景点。实则这里已经赶场（赶集），已经成为涂井场外，又一"涂井场"了。在这个过程中，赵宅以巧妙构思，和涂井老场形成人气争夺，最终达到商业目的，完全是选址、与老场空间距离、建筑周密而富有特色的做法相互之间的和谐所致。它使我们看到了建筑的魅力，看到建筑对局部社会的分化和重新整合，看到一个小场镇空间形态和风貌的流变。这就是说，如果场镇经济重心向赵宅发生转移，毋庸置疑，紧挨着赵宅前后必然将兴起更多的店铺，以致最后把涂井老场抛在一边。这样的例子，川中场镇不是很多吗？尤其是当今老场镇改造、更新，不少就是抛开老场镇另兴新镇吗？虽然极少像赵联云那样以私家住宅纳公共空间于一体，但在过去的年代，不这样办又该怎么样办呢？

但我们回复到整体来观察涂井场与赵宅之间空间衍变的关系，感到建筑的发生、发展又如社会躯体不断新陈代谢的细胞。所不同者，是空间必须不断创新，不断以新的经济、文化关系注入建筑发展，尤其是更深层次地注入建筑设计。设计是需要广博知识与擅融合的智慧功底的，涉及方方面面。实在没有其他办法，只有不断学习，一辈子学习，其中包括对古典建筑的学习。想来赵联云也是一个擅观察、爱动脑筋之人。一定意义上讲，建筑师应是一个杂家，他的职业是把整个社会信息最后诉诸在一个特定空间体上。所以，可以说赵联云也算一个乡土建筑师，一个可以"搞垮"一个场镇的设计大师。

最后，是否在涂井找到了或摸到了、闻到了汉代遗风？赵联云宅必然就是汉风传承。

说小不小有情调

——巴东楠木园向宅

　　三峡腹心江岸半山上，差不多都是穷人，那些人大房子修不起，但把小房子做得干净利落、简单从容。外观不怎么样，里面则和豪宅之大户人家无甚区别。这里的"无甚区别"不是指装饰，而是木构用材做工的精良到位。深一步想，一是主人做事一丝不苟，二是木匠绝非庸匠。又反观整体布局，朝门、地坝、餐厨、烤火、堂屋……尤其是后面的转堂屋，不宽，可以看得见三峡江面上的船帆，好一块风水空间，主人皆在此茗茶、看书、读报。由于地处半山之地，立即让人有居高临下精神的高品位之感。我想，这就是民间小屋创造的文化境界。试问，再宏巨的豪宅，如果摆布不周，有此情调吗？

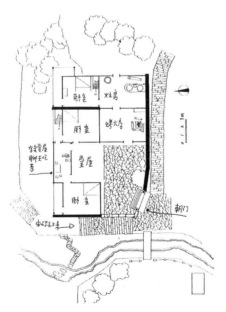

/Λ 巴东楠木园向宅平面示意图

/Λ 巴东楠木园向宅透视

一九九九年十二月随王梅老师考察三峡库区迁建，尔后半年又推土园墙之偏远宅基尚在省府之中多外人来忽略亦有绝色宫波忆

一九九九年十二月随王梅老师考察三峡库区迁建所建半年之推土园其地乃今生一失乐中心仍曾去历生搬出即生挨场镇一体夫户落可便民不挪生家依法图当不可写手宫本时已过十多年之二〇一一年宫波忆

向宅剖立面示意图

0 1 2 3m

夏天、夏家坪、夏宅

——都江堰虹口夏宅

夏家坪在都江堰虹口境内，岷江支流白沙河岸旁的一座山腰上，海拔999米，这个数字是我在五百分之一的地形图上看见的。数字的奇妙和夏家几兄弟、几姊妹均上九十高龄的九九偶合，令我等闲客着实惊叹了一番，是天意，还是和住宅选址有关？有好几个夏天，在夏家的农家乐住了几天之后，我们惊奇地感到身心彻底放松，直到放开喉咙大声高歌，一阵无拘无束的宣泄后，轻松、明净、通透、开阔的舒适感油然而生。是海拔高度的原因呢，还是与老屋选址和建筑建材释放的质地气息有关？是夏天的凉爽呢，还是与夏家高龄的老人们共同营造的气场有关？这种强大的感染力仅出现在夏家坪的日子，难道真的是偶然？

夏宅不过一个普通的清代四合院而已，大门斜对白沙河上游，大天井广纳阳光，晒庄稼人物两利，高尺度的檐口利通风排潮走雾，香杉木全宅释放出一种特有的植物芳香，并久久弥漫不散，几十年如一日。卧室全部由地楼板铺装，隔潮效果极佳……没有装饰，没有雕刻"荒村野老屋中"，正是归隐之所在的秘境。

都江堰虹口夏宅速写

五通人家扦子门

——五通桥群力街谭宅

　　家家户户，无论公私，都在建筑的前墙外再建一排木质的扦子，有的还涂上一层锅烟墨做颜料的黑色。当然，在大门处同时也做了一道扦子门。这样，就有了两道门。所谓扦子，指削得细小，但长长的条状木竹体。这里的扦子如长条状，长可3米左右，宽有12厘米左右，顶端呈尖尖的三角形。五通桥人家把每条扦子间隔10厘米排成一排，封堵在民居或寺庙、仓库的前墙处，据说一是防盗，二是显威。确实多多少少有点儿此番作用。这种独特的做法多了以后便成为一道民居风景，一道全国独特而唯美的建筑构造文化。群力街谭宅仅小构一处，成规模的还是面阔较大的寺庙、会馆之类。

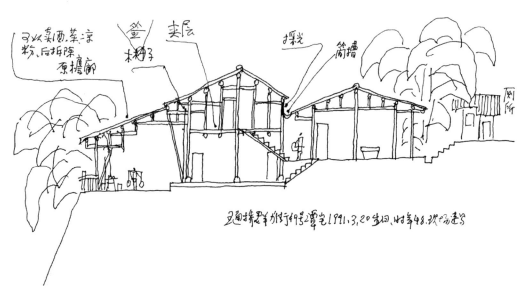

／＼ 五通桥群力街谭宅剖面示意图

黄葛美屋最老辣

——五通桥工农街某宅

　　黄葛树，黄葛树旁的老井，老井旁的老瓦屋，老瓦屋旁的老桥……一切景物的成色是如此乡土，如此老辣。这里就是著名的五通桥工农街，因为产盐，自清以来渐自衍成一条长达1.5千米的半边街，并伴生出80多户公私码头。尤奇特而可贵者，街上、河岸、码头间竟然种了1000多棵黄葛树……中国小镇，世界小镇，有谁拥有如此多的黄葛树，又有谁拥有如此多的码头？这就是世界级，中国之最，这就是最佳旅游之境。所以百姓选择了乡土景观最佳组合模式——把建筑彻底融入大树之中、河岸之旁、小桥之边。

/⋀ 五通桥工农街茶旅社山墙老树风貌

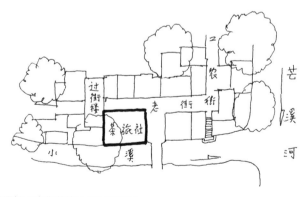

/⋀ 五通桥工农街茶旅社平面示意图

八 黄桷井简宅

穷舍富树最风流

——牛华溪码头人家

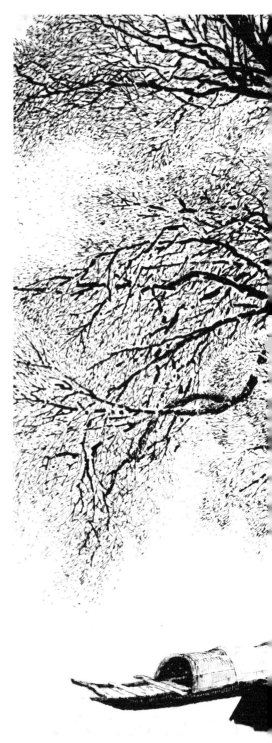

房子简单得很，矮小而单薄，真正的穷舍。让人意想不到的是，它居然拥有一株体大遮天的黄葛树，且还独享临水之趣。据传，这里原也是大户人家的豪宅，后罹大火才有今房舍之状。世上建房选址，能周全环境得人文、天籁极致者，恐不是太多，得其中一二者，已是大福。故知足者常乐，乐者也应包括建筑的方方面面。房舍简单一点儿，但临岷江树下那一间做了书房、画室，就是绝对的一流天地了。

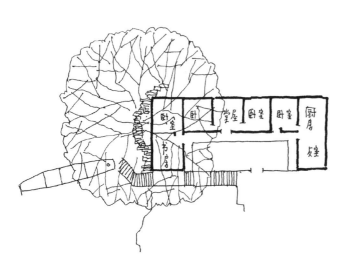

/＼ 牛华溪码头人家平面示意图

/＼ 春华秋实于大树同感

对景瞿塘三间店

——巫山大溪三间店

　　在《三峡古典场镇》一书中，有记载"三间店 135 米（2003 年 6 月 13 日淹没至此）"的平面图。今天，此店早已沉入江底。三间店在三峡名气很大，原因在于和瞿塘峡的对景关系。三间店三家夹持一条山道，道路正对经峡而来的长江之水，水即金也！果然，三家开客栈、骡马站，获利甚厚，所以建筑做得很豪华，有非同一般的三层楼房，有栏杆，有单间，有观江景的茶楼。这在当时可谓一方神圣空间了。据说，要包用此房，事先需捎信预约。当我等闲辈爬上此楼一览长江峡谷、浩荡江流时，确心胸一下开朗，大有气吞山河之感。区区土木之躯，居然能把人推上一个精神高峰，真叫人不可思议。不信望细细品读此图，看能否设身处地一试。

/⋀\ 巫山大溪场剖面示意图

/⋀\ 巫山大溪一组三间店速写

三间店风采（楼上可观瞿塘峡全景）

三峡湖底渝人家

——巫山培石吕、张二宅

　　三峡，除湖北境外，最先沉入湖底的重庆境内聚落当是巫山县的培石。培石因三峡腹地江岸的贫瘠，只有一条长20多米、宽2米的小街。此街仅张胜模、吕二扬两家人，堪称当时四川5000多个场镇中最小的场镇。不过，建筑的奇巧、独到绝对一流。张家据守码头，从码头上来，设门洞、四合院，构成全域唯一入口，并与吕宅相接，街道便在吕宅家中。两家把持一条街，实则一长形天井而已，意图却是清晰的，即任何后来者不可能另立岸口。这两家已占据了峡中陡峭斜坡中可怜的一块建房用地，足可施展几个小四合院的进深，并围合成街道。据说，张、吕二家从清道光年间一直维持到水库关水淹没时，寿命近200年。因距湖北仅2公里，标高108米，自然是最先沉入江底的渝中人家。

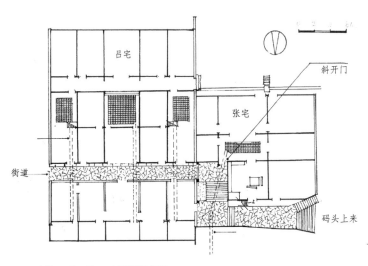

/ʌ 巫山培石吕、张二宅平面示意图

ʌ 由码头上来就是吕宅山墙

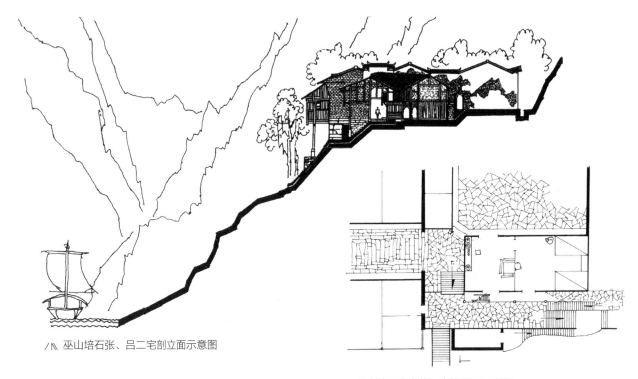

∧ 巫山培石张、吕二宅剖立面示意图

∧ 巫山培石张宅临江空间平面示意图

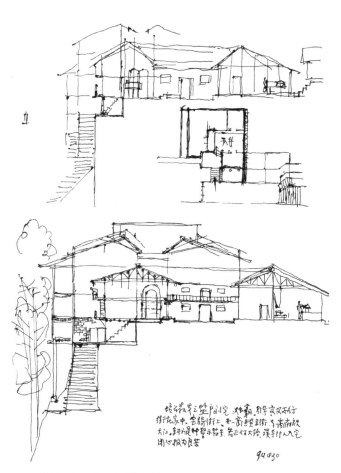

∧ 巫山培石张、吕二宅现场手稿

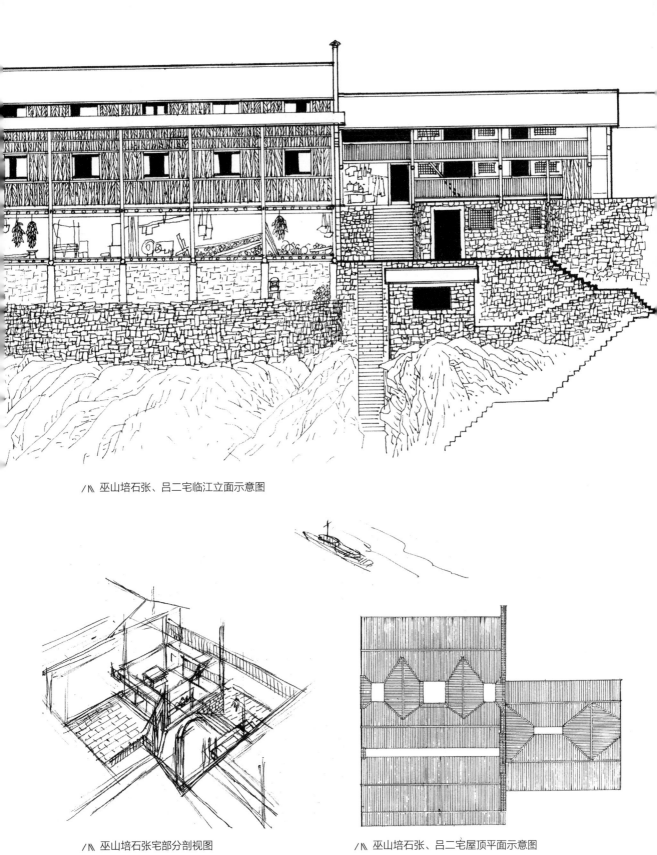

/⋀ 巫山培石张、吕二宅临江立面示意图

/⋀ 巫山培石张宅部分剖视图

/⋀ 巫山培石张、吕二宅屋顶平面示意图

/八 张宅透视图

瞿塘峡岸有老屋

——巫山大溪石宅

瞿塘峡岸，大溪文化遗址后山上，这些著名的符号氛围之间还有一处民居：石人凤宅。石宅虽然简单，但有数处终生不能忘怀。一是选址高凌江峡半山之处，左厢房外就是百丈悬崖的瞿塘峡，为什么选此绝境？二是1994年，家中尚挂留吞口，屋前屋后各保留一石刻泰山石敢当，皆极具精当技艺。经"文化大革命"等历次运动，尚存此物，算不算大胆，或运气好，或"天高皇帝远"大家都不知而偶然存之？三是屋后有窑洞两个，如何解释？四是大门典型垂花门歪斜而对江流，但是下游方，是否对错了方位？三峡房屋开门面朝上游是统一典制（以云阳张飞庙为例），而石宅反其道而行之，个中有什么说法？至今不得而知。1994年5月，我去拜访时，石家言将搬迁荆州，大门是否预言了结果？等等，乡土的东西迷人在此，妙哉！

/Λ 现场手稿

/Λ 巫山大溪石宅位置示意图

三峡大溪文化后人之石人风宅高凌磴塘峡之南岸北邻著名桃初山又

选址不拖风险渭天上
人间富贵五九九用
去乡去为一九九〇年
青带花街上顶
申鹤棲之旅店
宿二夜也旦人
生之不易易

一曲美妙的民歌

——峨眉山神水阁杨宅

峨眉山半山腰的神水阁下，一泉水临小溪，在桥头、山道之旁。杨家选此建宅正着眼于这里迷人的自然景观和泉水之利，但此地地形陡斜、地貌嶙峋，甚至连十来平方米的平地都没有。于是杨家沿小溪砌坎壁，通过桥把上山小道纳入宅中，大胆地让游人从自己家中穿过，还在宅中亮出一间半封闭的回旋空间，并在悬崖上挑出美人靠。宅子里面设四五张方桌，卖茶卖酒，楼上全做旅栈。同时，那眼透凉的泉水亦处在室内，摆几个土碗让游客享用。这样，一个半私半公的空间形成了，集农舍、餐饮、旅栈、过廊于一体。

因为是山区农户做生意，宅主不仅在楼上挂满了金色的玉米、红色的辣椒，还采撷四季野花，大把大把地插在粗瓦罐里，摆在光线明媚的餐桌上。人过此宅，顿觉心旷神怡、野趣弥漫。

人们都说建筑是凝固的音乐，这山野小宅虽没有宏宅巨制、交响乐般的辉煌，然而，到此尤感一曲多情的四川民歌。无论如何，人们也想于此多憩一会儿，多呼吸几口带有奇异清香的山风，进而环顾四周山野，欣赏农家建筑的一梁一柱、一石一木。烟雾缭绕，伴以虫鸣鸟叫、溪水淙淙，实在是在城市体会不到的天趣。然而，如果没有这半开敞的空间，而是在露天旷野之中，其情其理又将是如何呢？

巴蜀方言悟出的建筑情理

峨眉山大峨寺下、玉液泉边有一个农民个体商户，其建筑风姿绰约，依势就形，表达通畅，顺之天成，使人久久不能忘怀。它虽然平淡、简单，没有勾

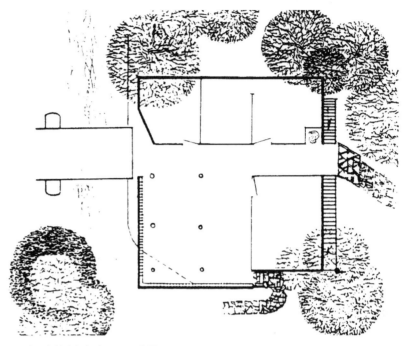

/八 峨眉山神水阁杨宅平面示意图

魂摄魄的美丽，但那恬淡、天真、质朴所刻画出来的谐趣、意趣和情趣，却使人感到像欧阳修在《书梅圣俞稿后》中所说的"陶畅酣适，不知手足之将鼓舞也"一样，有些情不自禁，实在是不吐不快。

此建筑取名"真泉旅舍"，因一眼泉水从室内上山出口处的左侧冒出而得名。它立在半山上，横山道路穿堂而过，有一名"万福桥"的石桥连接着道路和堂口，潺潺山溪从桥下匆匆流过。一时，道路、桥头、屋檐、堂口、门栏汇在一起，你即我，我即你，难以分清。稍一定神，忽闪出一块小天地，被一直角形美人靠拦住，原来已进入别人的家了。惊疑之中，一农妇笑脸迎出，喊坐端茶。大木厚桌，粗凳宽椅，松烟楠雾，野菜红椒，被山风、泉声、笑语、厨味所缭绕。人们说建筑是凝固的音乐，此时此刻，这些民歌小调的音符风聚云汇，情韵悠长，众音齐奏，意味无穷，一切如"凝固"之解散。人似乎觉得通灵感物，万物皆化，一梁一柱极有情致，正如孔子所感叹"不图为乐之至于斯也"（《论语》）！

好不容易从"凝固"中解脱出来，这原是一户五位一体的穿斗民居，内设

∧峨眉山神水阁杨宅沿溪而建，架桥迎上山小道穿过宅内，临清泉山风，是别树一帜的山间小屋

/⋀ 峨眉山神水阁杨宅另一侧面及桥头景观

饭店、茶肆、商店、旅舍。主人住在里面,一楼一底。所有朝山客都得从楼下通过,阴晴雾雨、四时寒暑,进来便有一种温馨之气,流连其间,依依不舍。由此想来,造房主人是用了一番心思的。建筑能挽留匆匆过客于此停留片刻,接着诱之用茶用饭,甚至小住一晚,这是很有趣味的一件事。联想到四川方言中的有些谐说,本文试作一二探究。附会之处,权当胡说。

回水沱

江河流到地形凹进去的地方，形成水湾，江面忽然开阔起来。那里往往水流平缓，风平浪微，是建立港口的理想地方，如重庆长江边的唐家沱、北碚嘉陵江边的毛背沱。这便是人们常说的"回水沱"。这里船舶如云，商贾盘旋，百事兴旺，往往形成集镇和城市。

道路犹如河床，人流似水流。到道路稍微宽绰的地方（山区尤其如此），人就设法在那里配置物件，让人缓行，给人流以缓冲。窄河行舟，络绎相属，缺乏安全感。一旦得一宽裕之域，降帆收桨，求得喘息和依托。舟车在行驶中既能择地礼让，以求大家相安；弃车船而悟，亦能设身处地，求得彼此无事。这种"德""礼"交融大约要追溯到殷周时期了，当时的人们提出"德"这个维护统治的中心骨干思想，主要是强调内心要有修养，做事适宜，相互过得去，无愧于心。那么"礼"呢？则是一种行为规范了。就是说，要达到作为规范的"礼"的目的，就必须要有很好的"德"的修养为前提。反之，如果要完成"德"的修养，就必须有"礼"来作为规范。两者作用不同，相辅相成。几千年下来，这种"德""礼"思想渗透进每一个角落，渗透进衣食住行。这是中华思想极其宝贵的精神财富。由此来看，狭河窄道行舟走人，难以兼容，故于宽河阔道相互礼让，则实为国民美德之延续。

/|\ 峨眉山神水阁杨宅另一侧面及桥头景观

如果此路为人流的常兴之道，人要吃、住、休息以壮行程，避风雨，淡劳累，怡情绪。于是略宽者置凳，稍宽者搭棚，较宽者造房，大宽者集镇，不亦乐乎，均设其物件于回旋余地大的地方，这便成了人流的回水沱。

你看，漂木浮材、大鱼小虾都汇集在回水沱里，难怪四川有一句偏爱家乡的说法："××是个回水沱，浪子百年始回来。"我想，人们把那些没有河海的城市叫码头和海关，也恐怕是此理吧。

真泉旅舍引人流入室内，纳"德""礼"于咫尺。它不做一条黑巷子让人穿过，不断其通道让人绕道，却巧妙地利用回水沱这一特点，既开拓了空间，容纳了空间，更有机地设置了室内外空间媒介。里里外外通融一体，进得屋来，宽松中弥漫着共享气氛，主客意识明显地跨时间在室内外得到交融。这里无丝毫强加于人之感，犹如无声之絮语，有娓娓叙来之真情真意。这里即使无人接待应酬，背后也似乎有一张笑容可掬的热情之脸。进而，你会如流水回旋于室内，濒临美人靠四下顾盼，流连于峨眉山的山峦白云间，神驰于物我两忘的诗情画意的美妙境界。

如果没有建筑的如此构思，能烘托出如此自然而纯真的意境吗？我想起车尔尼雪夫斯基说过的一句话，"最好的蜜是从蜂巢里自动流出来的"，细嚼起来真是乐趣无穷。

由"回水沱"这种潜意识牵动着人们的行为动机，于是就展开了想象的翅膀。那些人流汹涌又无"回水沱"的地方，能否也像桥连接着路一样，把路变宽，变成人为的回水沱呢？当然，历史早就是如此了。比如峨眉山的凉风岗和其他一些山道旁的民居，以及现代立交桥的设计。有的干脆就断水盖房，于是就成了"吊脚楼"

挡道卖

四川方言"挡道卖"，意指经商者的一种霸气，也就是霸道。它违背公意，破坏惯例，践踏风尚，是置众多商家不顾，我行我素，霸道于人流集中的岸口。它含有贬义，故有"好狗不挡大路"之骂，实为民风不容，世俗所讥。这大概是霸道其中一层的原始意义。

任何事物，都含有积极和消极两个因素。消极因素诱导得体有时会向积极方面转化，所以，从现象上看来，似乎"挡道卖"是一种霸道，一种蛮横之气，然而真泉旅舍以建筑为中介，化消极因素为积极因素，利用挡道卖的商业优势，巧妙地在建筑上避开了人们心理上对霸道的厌恶情绪。它不仅霸气全无，还收到了妙趣横生的谐趣、意趣、情趣等多种效果。亦如中国画大师潘天寿先生的构图：一巨石塞满画幅，初看霸悍遮天，"凶气"逼人，然待稍加注视，你就觉得山花野草、瘦竹铁梅疏通其间，参差有致，错落天成。回首再看则惊呼："霸道！霸道！奇险！奇险！"它一反诸平庸四平八稳构图，而成为近现代中国画诸家之典范。真泉旅舍以建筑诠释霸道，取其对原始含义的疏导作解，潘先生以绘画扬其霸道的独到手法，取其对一种极端的精神境界来解，构成了同一趣味的审美境界，殊途同归也。

那么，真泉旅舍是如何利用"挡道卖"的商业优势，化霸道为通道的呢？这里让我们设身处地以房主的身份，以彼时彼地的心理在造房构思上做一些反思如何？

一是封闭山道两边立面，让人绕道而行。二是切断"回水沱"和通道的联系，留一条黑巷子。三是在黑巷子里开门引人入"回水沱"。四是封闭一端的一道门，让人吃饱喝足后绕道而行。不是不让人行，就是让人行得不愉快；或干脆拒人于门外，或赶别人快走。心术之内核，乃是霸意昭昭。然房主人深刻洞悉，房子横骑在千百万人长流不衰的大道上，稍有疏忽便会招来社会谴责。因此，融公理和良愿于一炉，疏霸道而挡道卖于一体，收到了"挡"而不"霸"，"阻"而不"塞"的空间效果。再加上巧以环境联系，配以屋内物件疏通，形成共享气氛通融，主人待客笑脸真诚的局面。如此情理，何来愤愤然于建筑之霸道？人的情绪淡化的结果，往往形成一种静谧、优美、谐调、轻松的氛围。这时候，你的思绪多是发现而不是挑剔，多是美的动情而不是邪恶的泛起。随之而升华的人类最根本也是最美丽的灵魂重新得到回味和肯定……我想建筑之所以为艺术之本，大概也有此理吧。哪怕它是最原始的、最土风的艺术，哪怕它是茅草窝棚、黑瓦粉墙。

由此，人的归宿意识通过对建筑的体验和审美得以召唤。于是人类就在若干的建筑活动中加以更多形式的探索和拓展。就其"挡"而不"霸"的利用和创造这一点来说，建筑历史实践已渗透进了各种功能的空间构造。比如寺庙的庙门、过街楼、风雨桥、城门洞，等等，它们都和真泉旅舍有异曲同工之处。更有甚者则覆盖着一条街，诸如成都商业场、重庆群林市场。当然，那又是从"静"的空间形式向"闹"的空间形式追求的，更加符合现代人意识的一种必然结果了。可以预见：这些空间组合形式，随着传统商业区的难以转移和用地等诸多限制，以及经济活动的日趋繁荣，将会得到一定程度的发展。

斜开门

建筑和其他艺术语言一样，贵在含蓄、隐喻，贵在有意无意之中引君入室，而无思想负担。如能有芳醉慢慢袭来则更当上乘了。

此时此刻，倘若露天行走、爬山，感觉空旷有余，遮掩不足，你心里定然有暂时求得庇荫的要求。忽然见道路伸进一户人家，你高兴之中顿生疑窦，定然也有想进去看看和为什么路会伸进人家里去了的想法和疑问。但是，任何人都怕"私闯民宅"的嫌疑。真泉旅舍却以若干极为真挚、朴实、简略的"符号"告诉你："大可不必迟疑，请君入室休息。"

在众多"符号"中，有一处是不太惹人注意的。它含蓄中隐潜着谦恭，这便是桥当头门口的斜立面。此是上山的必由之路，也是旅舍的家门。"门"而无门，已构成公共通道的入口。进出口一样的宽窄尺度本已足够应付游人的出入，主人却用一番心计地开了一个半边八字门。这就大为宽松了游人心理，又改变了通道的"公共"形体和形象，更融通道、回水沱为一体。而且此门巧作更顺乎水流之潜意识，人流之习惯，人如游鱼顺流而行被"挡"入饭厅空间而回旋，不自觉地就会被美人靠"俘虏"。上山本来就累，得此惬意环境，意志稍有懈怠便会持有"多坐一会儿"之心理。主人如趁机笑脸恭迎，施展生意术，那么人是愿意在情景极为融洽的气氛中选择合作的。这里不能说一点儿也没有建筑上的作用，这半边八字斜开门除了以上缘由，我想其微妙之理是否还有人的纵横观念在作祟呢？

人的思维总是有一点儿惰性的，顺其天然而思之，轻松、舒服，不费多少脑筋。若思维受到阻碍，前面横着一道难题，那么和通畅之道在思维和行为上的反映比较起来，显然要费周折得多。比如，前面一道横栏或乱石挡住去路，你至少是要择机取三思，或跨越，或屈身，或绕道，或颠覆，或兼而有之，或取其一二而就。麻烦中蕴含着风险，不过去又不行。于是厌恶心理产生，思维变得沉重，行为负担增加。人虽越过障碍而感觉舒畅，脑里却留下阴影，这是"横"所带来的不足。相反，若前面坦荡如砥，无丝毫阻碍，一纵百里，这种情况往往使人思维空白，径直朝前走便是，思维惰性到了极致，便觉得轻松得过于平淡。

传统思维意识在对待事物的认识上，总是不会在事物发展的两极上做过多探究。理性认识的核心是自圆其说，这里我不敢侈谈"中庸"二字，至少，不横不纵是中庸的旁枝斜出。我们从斜八字门窥见这一传统意识，仍能有这样强劲的感受，并在这局部构造上得到恰当的表达。我们看，门的斜立面朝通道稍微"阻"了一下，但并没有"塞"，反倒起了导"流"的作用。这作用完全是在不横着阻死通道又给通道平添一点儿乐趣，三者共有的意识上产生的。而这种意识又是人们共有的意识。相同意识在这山道旁碰在一起，有何矛盾相生呢？又如何不情投意合呢？心灵的共鸣大概就是如此。我想纵横意识被主人用得妙了，人们的中庸思想得到满足了，笔者也以同一思想去审美了。同一事物使人们达到同一审美境界，往往就物我两忘，通灵感物。所以，此刻又容易产生审美客体完美到瑕点都是美玉的偏执（此点留待今后讨论）。

真泉旅舍一看就是一个颇具有社会与人生经验的主人所创的。他深刻洞悉此中的微妙情理，于是在门口接桥头的处理上，把人的习惯尺度感纳入情理考虑，即退一根柱子进室内，使临近桥头左侧的一柱和它联结成半斜立面，这就使门口和桥面宽度变得一致，它似乎紧缩了一些室内空间，却恰是由此使室内空间变得自然而不呆板。不仅如此，这还产生了以下几点趣味：一是由于门口桥面宽度一样，使桥上行人安全感加强，"横"挡着大路和窄门口的感觉荡然无存。二是斜立面拓宽了视觉面和采光面，开在斜立面上半部分的商店里的五颜六色，在人未进入室内前就得到了反馈。

总之，在四川方言里有着十分丰富和幽默的词汇用在对于诸种事物的表述上。我们取其一二作为楔子来欣赏和剖析一间民居，是一种研究趣味的尝试，也是试图破一破学究气研究的艰深。显然这是力不从心的，不过当成摆龙门阵，当成人们茶余饭后的消遣。若果真达到这一步的话，建筑作为科学和艺术就真正到了辉煌的时候了。

杂而有序的川中宅院
——洪雅柳江王宅

　　这是一个川中农村殷实人家的典型宅院，同时又是民居中善用地形的一个佳例。宅于民国初年兴建。

　　王宅居于杨村河畔柳江镇的镇头上，河床中大大小小的鹅卵石砌成基脚，又成为坚固的河堤。于是王宅获得了在原荒滩上改造而来的一块平地，但是狭长的平面给方正对称的传统住宅建造带来困难。从平面图上看，恰是一种意向的遵循关系。大门从中把宅院分成两大部分，右为住宅小院，小院看似对称，其实靠河岸一排的进深小得多。但这边光线好、干燥，还可临窗观览风光，于是居室、书房、会客厅都放在这一边，此可算右厢房。左厢房稍宽，靠岩坎，潮湿，全安排成厨灶、餐厅、杂物间之类。象征性的正房只有一坡屋面，空间狭小不能大用，权作祖堂之用，今已改造，仅设香火而已，不能像一般堂屋在此议事待客。恰也因此增大了天井采光面，让人感觉既宁

八 浓荫中的洪雅柳江王宅
　　王宅四周种满了大黄葛树、麻柳树与楠竹。夏天时，伴随着浓浓绿荫、阵阵凉风，宛如避暑胜境

静又明朗。

　　大门正中有一阁楼，是碉楼变体，武为文作，作读书、瞭望之用；大门左边的大群建筑，有戏楼、过厅、院坝及众多房间。因坐落于镇头，亦作旅栈之用。这样，宅院就聚集了住宅、阁楼、戏楼诸多功能，杂而有序。加之四周大黄葛树、麻柳树、楠竹林浓荫如盖，有的树枝斜垂院内，自然与建筑交融无处不在，更显出二者密不可分的韵致。

/\/\ 洪雅柳江王宅庭院中的戏楼

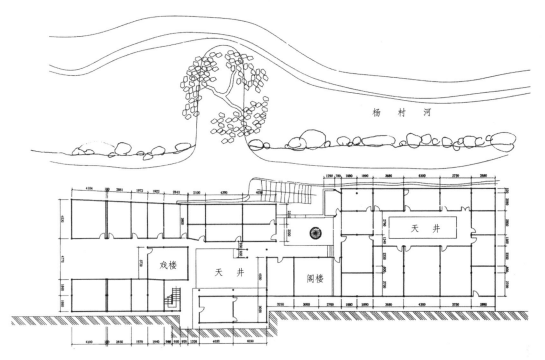

杨村河

戏楼　天井　阁楼　天井

/⋀ 洪雅柳江王宅平面示意图

/⋀ 狭长的王宅由大门从中切分为两个建筑部分，左边为旅栈院落，右边为住宅小院；后靠岩坎，
　　前临河岸，显得宁静而明朗

官民一体懒官宅

——剑阁志公村魏宅

因为剑门关的恢宏险峻，掩盖了山下一幽默诙谐的小宅魏公祠。魏公祠不是祠，而是宅主魏树铁的乡间住宅。清末民初时，魏公在县上任相当于法院院长的官，因其懒散庸碌，常居乡不谋政事，时多有官司告状者不辞辛苦登门喊冤。久而久之，魏公思忖：何不如就在家中设公堂办案，岂不快哉？然而乡间住宅相貌平平，名不正言不顺，不堪愚世，于是，魏公就把住宅改造了一番。很快地，一个不伦不类的"怪胎"产生了，虽仍是四合院，但不同而耀眼之处是大门变得辉煌起来。八角扳爪的牌楼式屋面层层叠加，下为一丈宽大的八字门，为的是便于三丁拐官轿进出，亦显得为官的气派。由门而入是轿厅兼过廊，恰屋面又是官味十足的卷棚式；再过廊入正堂，据说问案宽大，满屋生辉。不过，这一来毛病也来了。过廊缝中穿过，分天井为二，又窄又长，室内光线暗淡。四合院是人字顶的悬山式，过廊却是卷棚式，一般住宅大门大方简略，他却在一般住宅的脸面上贴金粉彩，犹如一庶民百姓打官腔，不官不民、滑稽可笑。这里不像民宅，亦不像官场，百姓不好喊名字，于是取了一个魏公祠的折中名。这种在宋元时代就已消失的形制，川中竟然仍有，也实在是个古董。

/﹨ 剑阁志公村魏宅大门外墙风姿（张昆画）

剑阁志公村魏宅平面示意图（1985.8）

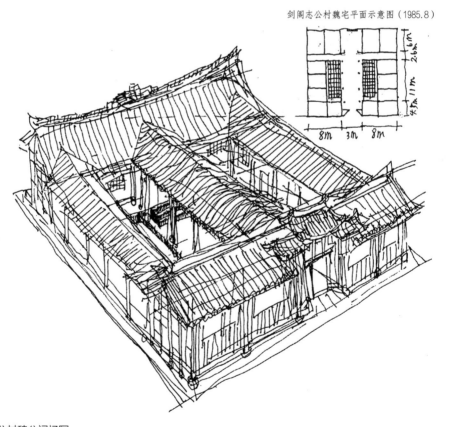

/﹨ 剑阁志公村魏公祠忆写

八 剑阁志公村魏宅

老谋深算曾店子

——乐山西溶曾宅

民国二年（1913年），曾老板居岷江河岸西溶镇半边街经商，因受江中扳罾捕鱼的渔猎方式启发，把老店向江中伸出去，犹如扳罾一样，建了一个似亭非榭的新店，并以隐蔽的手法先修码头，美言功德，达到生意兴隆的目的。西溶一带素有保护鱼资源、优美生态平衡乡俗，并有四月初八买鱼放生的放生会。任何有碍于此的动作极易触怒乡里神经末梢。因此，曾老板把受扳罾捕鱼启发的动机埋得很深。他借故先建码头为乡人着想，把上下船的客人直接引入街面，然后在伸出河面的基础上建造一个新店子，并把店子建成一个非亭非榭的开敞空间。百姓还以为他继续好事做到底，殊不知新店建成后，他接着又建了一个过街楼似的廊子把新老店连接起来，乡人于此方恍然大悟，其新老店恰如扳罾捕鱼的动作。他建码头的目的也是以公为掩护，实则是把上下船的客人直接引导入其店内。

曾老板老谋深算，利己然而又方便了乡人，虽然采取了有违乡俗的附会做法，终究得到谅解，曾宅一时成为四乡八里的文化中心。四川话中，曾与罾同音，一语双关的曾店子由此喊开。他使人体验到，中华传统建筑哪怕是一个小窝棚，其背后总是罩着一轮迷人的文化光环。

/八 乐山西溶镇尚保有扳罾捕鱼方式

/∧ 乐山西溶曾店子借由建码头的构思，将店面伸出河面，扩大了店面的伸展性

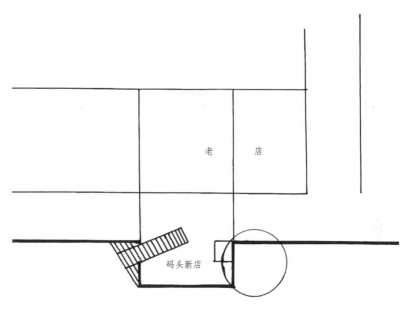

乐山西溶曾店子平面示意图

似亭非榭曾子店

老谋深算曾店子

乐山人文之风蔚起，凡文化诸科悠悠然，而城郭墟里，七情六欲诚纵横其间，然诙谐欢悦之情与物也不乏乐在其中。上古南方丝绸之路"岷江道"流贯全境，尤唐宋以降，"人文之盛，末盛于蜀"。官吏、商贾、文人，由蜀都东去，更是取道乐山，顺流而下。沿河两岸风物无不绞尽脑汁与之呼应，以吸引、招徕过客哪怕杯茶滴酒，半餐一宿。故而千姿百态的建筑竞相争奇斗艳，建筑的随意化、个性化、寓意化蔚成洋洋大观。数百里岷江水道两旁，任挑一家生意兴隆而有特色的建筑，无不出几个故事、生几则典故、传儿段风流，皆让人回肠荡气，幽香馥郁，形成了颇具风采的"岷江文化"。这些建筑何以如此有魅力，我国现代建筑先驱者之一范文照先生言，中国建筑总会有一种安宁的舒适及和谐感。安宁、舒适、和谐决然不是凭空而来，定有其涉及历史文化、经济环境、社会风俗等诸多方面的渊源。比如，"和谐"二字中的"谐"，则不仅仅指谐和、协调的一面，它还包括了诙谐、幽默、戏谑仍能和谐的另一侧面，并使其和谐得更生动活泼、更具生命力。这也是巴蜀建筑异于其他地方建筑的特点。汉代说书人泥俑的嬉笑调侃，清代川剧"花部"的"曲文俚质"，曲子无腔，以及谐剧、金钱板等表现形式在民间的流行，都反映了川人谐和幽默的独特性格面。它于不同的自然环境（盆地）和长期的生产、生活中形成，所以《尔雅·释地》说："太平之人仁，丹穴之人智，大蒙之人信，空桐之人武。"清初移民入川，其进取性带来文化的多样性和融汇性，自然也在建筑上同步表现出来，并流露出多侧面性。它不是纵横捭阖地任意发挥，总囿于诸多方面的制约而显得极为隐蔽和内在。了解和剖析它深层的人与物的纠葛与发展过程，尤其是诙谐幽默感，是揭示传统建筑文化本质的一个方面。"大俗入雅"，"大雅必俗"。对民间建筑做一点儿不文过饰非的探索，不排斥一切作为主客体向前发展的有益因素，将是有意义的。基于此，在下就仍保留在岷江边上西溶镇的一处建筑，试析其主人通过建筑展示出来的丰富隐秘的内心世界。

西溶镇位于岷江与其一支流夹角的前端，平坝间有浅丘，谓之"西坝"，故又名"西坝镇"。这里气候温和，雨量充沛，物产殷实，水陆交通四通八达，与竹根滩镇、五通桥镇隔江相望，形成一串珠似的三大集镇，其间不足十里之

/∧ 乐山西溶曾店子的侧面，其新店向江中伸出，犹如扳罾捕鱼一般

距。如此密集的集镇，又如此热闹非凡，在国内也是不多见的。集镇之成，一靠"乡脚"宽产销富而有余，二居水陆要道，三有工商业辅佐。三集镇互为长短，俱而全之。不过公路干线沿岷江自乐山通过五通桥后，处于西南岸的西溶镇渐自衰落，为纯粹的农业集镇。如此，恰又保护了纯正的地方传统文化。那里的嫩姜硕厚、白胖、鲜嫩、量大，上市时竟有云、贵、鄂、陕的汽车蜂拥而至，足见精耕细作农业技艺的独到。驰名全川的西坝豆腐，笔者品尝再三，认为四川电视台的专题片解说词，誉美备至，毫无过分之处。这豆腐不仅本地产黄豆新鲜，石磨纯真，河水洁美，制作精湛，而且不依赖味精诸现代材料的烹饪薄技。西溶镇夹于两水之中，位于半岛之上，风光秀美。吴冠中说，岷江中下游很有江南水乡味。刘致平说："在岷江沿岸山峦起伏、清流漾洄，风景很是

∧ 伸出河面的新店，空间宽敞，江风拂过，垂帘轻扬，十分引人入座

佳妙。在这种美丽殷庶的环境里很容易有优美的建筑出现。"西坝修竹丛丛，黄葛如盖，大船小船，清波绿水。在靠小河边的河岸上，有一处黄葛树、慈竹丛掩映下的建筑，那就是远近闻名的曾店子。

民国二年（1913年）前，西溶镇临小河岸仅有半边街，街面不过5米，曾家亦在其中开一杂货铺。半边街与河岸平行，河岸土质疏松，街不成街，随处是码头。然舟楫如云，汇聚着上游石磷、沙湾，甚至峨边、马边、凉山出来的商旅过客。船筏乱靠，行人不便，即使如此，曾家有店铺当街生意亦可支撑。然而，如何把众多过客都集于自家檐下，则是曾老板一直为之运筹、韬晦之事。

四川有一种渔具叫"罾"。"饵钓好吃鱼，罾扳过路鱼"，为古老渔猎手段。早在《诗经》中就有关于罾的记载。《楚辞·九歌·湘夫人》："罾何为兮木上？"也就是说，上古时期它就遍布湖泽江河之上。它用一根长竹竿和五根短竹竿，张开一张大网做成，再用一根长绳为牵引。渔翁放罾潜水，稍许，估计鱼已入罾，则拉绳起网。是不分时节天气，全天候的守株待兔似的捕鱼方式。曾老板从中得到启迪：人如游鱼，街如河道，如果能建筑一幢像罾一样的房子置于街中让"鱼儿"自投罗网，实在是一本万利的天大乐事。他们居于江河水泽的部落，远古时期就精于泛舟捕鱼之术，渔猎生活迫使他们创造各种利于生存的技艺，即使后来定居农业，转而商业，那古老的潜意识仍时时撞击他们。从曾老板的发财梦中，人们仍感遗风习习。然而西坝乡民自古就有约定俗成的保护鱼资源的良好生态乡俗，不许滥捕鱼为不成文乡规，有吃了此河鱼会烂肠烂肚而亡的迷信约束。更有农历四月初八的"放生会"，人无论贵贱，都须到别处买活鱼到此处放生。故有鱼多胆大，把淘菜姑娘拖下水去的雅说。这种近于"鱼图腾"的远古部落崇拜，大悖于曾老板的"罾房子"构思。如胆敢冒天下之大不韪，仿造一幢像罾一样的房子出来，并以此网罗乡民过客，显然是对"鱼图腾"的亵渎。触犯乡里不说，闹得房毁人亡也是难以预料的。所以，纯就以物象形地模仿，肯定是毫无成就的，更是危险的。这一隐痛和诘难还是一过路客下船上岸在陡滑的河岸上跌了一跤提醒了他，给他带来了灵感。曾老板想："何不先建个码头把众人的嘴堵住，然后再往下说。"他的深层意识是以行善积德之举，饰以为乡民过客排难为由，先公后私，公私并行，把核心用意先隐蔽起来。时遇一远房老辈子下船跌伤，回家一病不起。曾老板奔丧回来乘机大造舆论，言倾家荡产也要把码头修起来，给后世留下芳名。果然，以此为契机，加之具体构思深化，曾家又一店子以码头打掩护开始兴建了。

曾老板先将权作屋基用的河堤岸像罾一样向河面伸出去约 4 米，再筑基形成和原铺面一样宽度且平行于街面，约 9 米的形制，此可避邻居闲言侵犯领土。继而不做传统的吊脚楼支撑柱，一反常态地用大石条层层加垒和街面平齐，高约 5 米。与此同时，在上游河岸也用条石如法炮制十来米，这无疑是帮邻居巩固门面空间，并加石栏杆。邻居自然满腹柔和姿态，逢人便说曾家仁义至极。这样，河岸线就变成了"凸"字形，也就人为地把率直河岸线改造成了利于船只停泊的港湾。90 度的直角点亦铸成了曾老板思路的中心，进一步在此开了一条从河面到街面的斜向缓坡梯面，宽近 2 米。石梯在街面的出口，恰在原铺面和伸向河面凸出部分之间，如又在凸出部分立柱、架梁、建店子，那么任何行人，无论上下船的，南来北往的，都将被夹于曾家新老两店之间。一个完整的起步收脚方便、起锚降帆自如的码头形成，谁能对此"公而忘私"的贤德之举不拍手叫好呢？反过来，如一开头就摆出一副要做仿罾之态，以吊脚楼伸向河面下桩立柱，其形其神不仅司马昭之心路人皆知，吊脚楼下半部分还构成空漏之弊、风雨飘摇之虞，码头形象全无，亦触痛内心深处漏"鱼"跑财的悱恻之情。众人难以诚服，也难以自慰。不仅开始就引来一片唾骂，若是木柱木桩也难保永久。权衡再三，唯先建码头为万全之策。更何况此举还可延缓众人思维过程，牵起众人的鼻子走。因凸出部分最后做何用场众人不知，大家便总认为好事做到头，必定是全其善举于一役，再建个亭子让大家待渡候船，接送宾客。这无疑给施工过程创造了安静的舆论环境，使前期工程得以顺利进行。梁架出来后，既在凸出部分临河三面合临石梯一面依柱置美人靠，实则四围，只留下一道门正对街面和石梯出口及原铺面。庸庸乡间小屋，何曾见过只有绅粮豪富、成都乐山公园才有的这番构作。每一块美人靠背板上，居然镂刻一板一花，显然是曾老板搞一点儿艺术给你看，留你多坐一会儿。将这般雅兴给予乡众客商的做法，仍潜隐着公私并行不悖的苦心孤诣。确实那梁架出来后也煞是一副亭子模样。待一断水盖瓦，又一过街楼似的屋面和曾家老店衔接，众人仿佛如梦初醒："曾老板坐到屋头扳罾。"你们看："亭子是罾，四方的美人靠是罾网，亭子到老店的距离是长竹竿。"虽然这种议论是非常危险的，但很快被乡众间的辩论平息。有乡民言：别人善举德公，房亦门壁全无，将本求利，何罪何罾之有，能者不妨也修幢试试？

水绿岸青的西溶镇河岸仅此旁逸斜出一家，自然成了风水宝地。店内面积仅20多平方米，摆三五张方桌，加美人靠悬置省了好几个平方米的座位。几块遮阳篾笆错叠斜挂，一棵大黄葛树孔雀开屏似的簇拥着店子。空间虽小，但和自然空间全立面疏通，进店毫无窄小、局促之感，倒还显得从从容容。任择一角度极目远瞩，四周便是江阔天空，鱼翔鸟飞，怡然自得之情油然而生。那广阔天穹之下不能享有此情此趣，那高棂小窗、四方壁围的暗淡阴湿空间更不能有此风雅。久而久之，这里不仅成了乡人过客必经之地，而且，为远方文商朋友接风送行，三两乡贤傍晚游转散步，川剧朋辈玩友围鼓，甚至袍哥纠纷搁平据理等巨细之事均聚于此。这里一时成了西坝乡镇十里八乡的民间文化中心。曾老板通过码头、店子把"孔方兄"招进来，肥肥实实地发了一笔大财。有好揶揄的人戏而不谑地说："曾老板，你这铺罾下得宽、下得远、下得深哪。""曾""罾"同音，一语双关的"曾店子"就此传开了。其实，单就形而论，曾店子与罾之形态，实难以叫人认可，唯它伸进河面的举动与扳罾相仿，让人感觉到曾老板建造店子与扳罾有某些联系。

任何与此地"鱼风俗"相关的言行都极易触动乡里的神经末梢，都易让人形义对应联想，加之过客游鱼般地过店如过罾，以及众人正反面的渲染，真是不说不像，越说越神。拿现代广告心理学的观点来说，如此这般均中了曾老板的下怀，反面切入更容易造成正面拓展。这种超前意识经其惨淡经营，利用乡众的心理，引得褒贬相生相克，最后以融融乐乐收场，肥了曾老板，也乐了大家。更有甚者，于老谋深算在后不妨再做推论：既然曾店子开了头，效仿者不免接踵而至，要不到三几年，半边街河岸优雅空间将被一排房屋占满，与原半边街对峙形成一条街道。然无论怎样变，极难改变曾家独踞码头现状：一是已成习惯的方便港口，任何近邻修房造屋，均会造成因港口狭窄而威胁船与人的安全，必将犯众讨诛，自找麻烦。二是码头石梯直接进入街面而紧邻西溶镇西南向唯一出口，为最佳水陆口岸，任何一家毗邻或前或后建店设铺，顾客充其量是"漏网鱼"而已。这一来，曾店子必稳操胜券，难怪80年下来，偌长河岸线仅此一家店，让人深感它的城府与风骚。店子似有老板卑亢得体之神采，使人叫绝，又叫人舒心畅笑。据此，有如下感受值得一嚼。

谓曾店子为一种趣味建筑，原因是它散发出来的唯巴蜀之地最盛的诙谐情调这一纯朴古风。通过这种表面空间现象，人们体味到中国建筑的本质特征，是由内在联系得很紧密的诸多因素构成的。在这个内在联系中，空间和时间相互砥砺、运筹，甚至排斥，矛盾、时空关系的调整与组合往往已十分协调有序。它们互为表里的酝酿酵发出迷人的文化温馨。不管最后它以什么手段、空间形态表现出来，或肃穆端庄，或诙谐幽默，均透溢出建筑构思由内向外的功夫，以及不可颠倒、不可逾越的精神力量和基本规律，显示出传统建筑理想和文化重于物质性的本质特征。诙谐幽默一类之小科"异端"，自然为官式建筑不屑，被视之跳梁。那不仅是正宗之"雅"，鄙俚之"俗"，更有戏谑嘲弄神圣的仪轨之嫌。然而在民间，它活生生地脱颖而出，故而建筑的本质性在民间流露得最充分、最生动、最值得反复玩味和吸收。

再则，诙谐作为一种创造才能的标志，美学家王朝闻认为，它体现了人对事物敏锐机智的观察力和表现力，是人类智慧的一种表现。它给人以美感的同时把人竭力地引导到对笑的对象采取深入思考、严肃对待之中，以此启发人们去理解笑的对象的潜在本质。王先生又说："当我们欣赏审美对象所引起的幽默感时……却是因为有了客体的智力优越感才引起的，这种优越感反过来肯定审美主体的认识能力，则将有助于新认识和再认识的敏捷和深入。""曾""罾"相谐，与其说是喻义的幽默，不如说是象征的初萌。喻义倾向于具体事理，形式相对内敛和经验化，感知幅度较易把握，审美心理以寻求趣味为基本特征。象征喻指的内涵往往倾向于更宽泛的抽象精神，形式外张而倾向于崇高，往往指神秘博大的形而上精神。因而精神更是重于形式，感知幅度较难整体把握，审美心理以崇仰和震撼为基本特征。然而喻义和象征之间的联系点和相互关系何在呢？显然，如把乡间形式这种在乡间文化背景中的"谐"搬到现代都市的文化背景中，那不荒诞和丑陋才怪，但恰恰是这种"民间风"的切入，就有了象征意味。如果将民间的、朴素的、诙谐的生命赞颂直接切入现代生命意识，将单纯、古朴、幽默的民间风格切入现代象征风格，它将显示出一种极大的生命张力，一种乐观、亢奋的进取精神，一种人类生命力的崇拜和传统文化精神的弘扬。当然，作为空间形态，它又必须取得社会的沟通和理解，求得社会共识并使之与观众视觉效应反复碰撞。如果前述曾店子失去了这一点，那么，它的生命都将失去。亦正因为它一开始就把事物纳入最深层的思考和联系，获得了完满的理想尝试。

曾店子作为日常物质生活与精神生活的民俗事象，它的发生和发展首先是社会的、集体的，而不是个人的创作。虽然有个性，但更具类型性和模式性，这种深层结构的类型和模式，必然产生时间上的传承和空间上的播布。只要有条件相似的土壤，它就会生存下去，但有一个重要的核心因素，即不能抽去主体文化素质来谈"传承"和"播布"。实际上这种朴质、清新、高雅的民间作品已快泯灭在暴发户堆砌材料、显示豪富、粗俗的桃符之中了。传承将让位于拯救，播布亦需挖掘整理，现状堪忧，土壤何在？

四川场镇有四五千个，半边街或部分半边街者为数不少。仅从地图上看，半边街地名几乎县县皆有。它或临河岸，或沿陡岩，是前人留下的一笔精神和文化财富。它不仅空透开阔了房舍低矮萎缩之不足，亦舒展了压抑积郁的心胸，更保护了具有良好生态平衡的自然景观，是塑造人的素质不可或缺的乡镇规划构思。这往往是商业聚散繁茂之地，亦构成乡镇优美民俗，扩而大之上海外滩，小而微之百十人家边远小镇皆是此理。反观曾店子，实则"动人春色不在多"。若一个个地紧靠着修下去，半边街、清悠的河岸、动人的码头等都将彻底消失。郭沫若于1939年在峨眉有一联语："刚曰读书，柔曰读史，仁者乐山，智者乐水。"无刚柔相济之前鉴，无仁智环境之清醒，则极易扭曲人性、变态人格。故才有曾店了形成之初，已构成毁灭半边街的最开始形式时，人民群众也同时深刻意识到对他们生存空间的威胁以及对他们沿袭的精神乐土的侵扰。惶恐之中，泛起了一场"曾""罾"相谐相比的斗争方式。幸好有社会、风俗、生态诸方面的压力约制，也幸好曾老板的高明、周到、圆熟，终使一段美丽河岸、岸上半边街得以保护。今天看来诙谐中蕴含三分苦涩，得来还是颇费功夫的。刘致平先生在《中国居住建筑简史》中说："对于四川住宅建筑尤其是岷江流域一带……这些劳动人民创造出的物美价廉的、趣味亲切的建筑，确有许多高妙的理论以及特殊成就，值得我们仔细深入学习……观察找到它的特点及促成特点的各种条件，然后才能领会它的妙处之所在。"

罕见奇异八卦房

——彭山区欣开村李宅

在彭山区城西北的阡陌稻田，浓密丛篁深处，有一个八等边、呈八角形的八面体围合内向封闭庭院，现存两边一角，仍住人。这就是四川民居中极为罕见的"八卦房"。其实八卦房并无八卦本义及图像的依据，因清末民初社会动乱背景，李家以八卦之名借以威慑邪恶而建造，但是它的特殊造型仍不失为民居中的一个奇特案例。

八等边的平面乃在圆形基础上发展，八面实则由八个单元平房组成，每个单元又分三个房间，由此组成一个内向封闭围合体。内为八等边天井，天井与房间之间又形成一个回廊。人由朝东的一个房间高宽的大门而入，可由回廊绕屋一周。由于门朝东，自然西端的房间即成为中轴一端的祖堂，这样的布置想来必定有其风水依据。

八卦房外每边长12.5米，周长刚好为100米；建筑面积560平方米，加上天井170平方米，共730平方米。所有立面下半部分均为土坯砖垒砌，上为竹编夹泥墙壁，一共（除大门）23个房间，面积相差不大，房间平面均成梯形。

八卦在传统文化中是神圣的，老百姓用其做平面建住宅，一是乡愚不知，二是知之敢犯；知与不知，皆是一大创制。民居浩瀚，精髓于此。

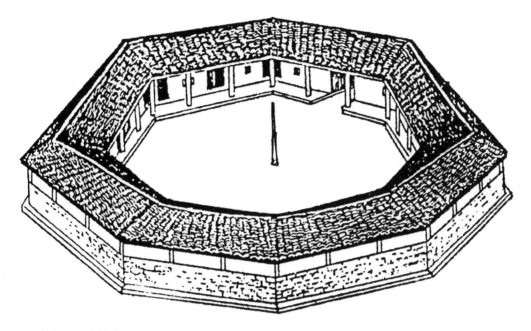

/∧ 彭山区欣开村李宅透视

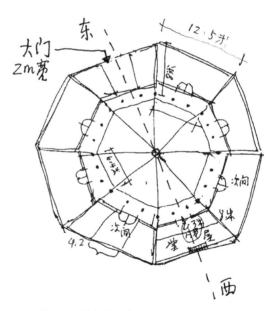

/∧ 彭山区欣开村李宅手稿平面示意图

书香之家大胆作
——仁寿文宫冯宅

　　仁寿县文宫镇上街冯子舟宅建于清中叶，是饶有风趣的小镇民居。冯子舟是当代画坛巨匠石鲁和四川美院教授冯建吾的三叔。冯家为当地望族，但境界开阔、行事大胆，仅住宅小构一处，就可洞窥冯家对旧习气的叛逆。

　　冯宅临街而建，择地选址自然受局限。若要在有限的空间内给家中的姑娘小姐做出恰当安排，显然是颇费心思的。然而，冯家做出了一个惊人的选址，把小姐楼横骑在中轴线上，并在楼下形成门洞似的过廊。

　　人由此入正房、堂屋，形同自小姐身下入。在封建社会男尊女卑的秩序下，这不仅亵渎了家人，亦辱犯了社会，还践踏了中轴线的神圣。因为只有祭祀天地祖宗的香火方可置于中轴线上，由此可以看出冯家最初的民主意识。不过，因小姐楼是摆在院子的中心，据此冯家又可一说，言把小姐楼置于众目睽睽之下是更加维护了封建道德的规范。

仁寿文宫冯宅透视

∕⋀ 横骑在中轴线上方的小姐楼，在楼下形成了进入正厅的一个过道

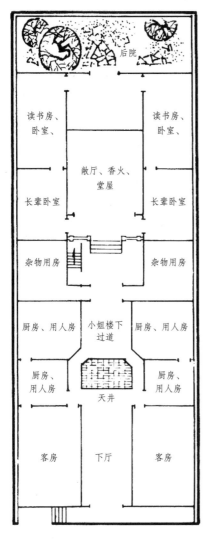

︿︿ 仁寿文宫冯宅平面示意图

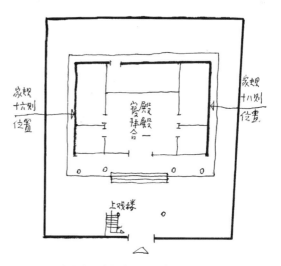

︿︿ 仁寿文宫冯家祠堂平面示意图

疑是谐组拼乡间

——双流金桥李宅

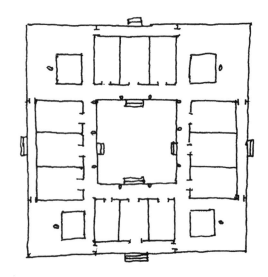

　　已经极难寻觅的全木古典川中民居，居然出现在一县偏僻的角落，且绝非一般土老肥留下的遗产，而是一个对中国居住文化颇有见解的民间贤达的力作：全对称的平面布局，中间一大天井套四角四个基本大小的小天井，井池比传统的川西天井深一至二倍，达80厘米左右，此作仅见于川西。原因是宅主极知降低地面水位对木结构的保护作用，而川西老木结构民居是很少注意的。再有就是布满内外木石立面的各式雕刻之多，显见是后来收集的组装。尤其是门楼单独立于大门，且全然一派官家气度，很有汉代庄园大门遗风，这在川西也是极少见的。再则主宅正立面砖雕二十四孝图之全貌，决然不会展现在一般民居正立面墙上。如此厚重的民居尤物，居然在成都区域文物列表中不见踪影，还保存得六七成新，这几乎是不太可能之事。但是，不管手法如何，今天此宅重塑民居辉煌，原物振兴也好，外地拆迁组装也好，东拼西凑也好，做得高妙，煞有介事就是文道，就是一种传承、一种弘扬、一种精神、一种德行。

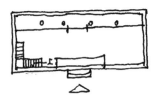

△ 双流金桥李宅平面示意图

双流金桥镇金山村八组李宅。宅根宅中一天井套的方四个小天井、入口又有一官式单独门楼其形制至为平兄。富治一三年五月李兄义

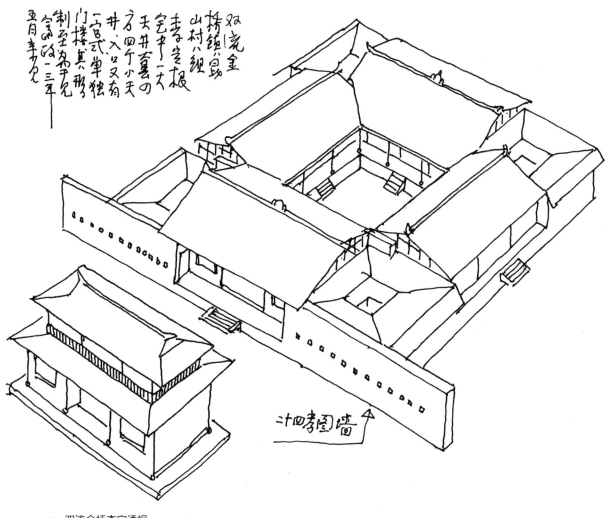

二十四孝围墙

/八 双流金桥李宅透视

枕水而居的美梦

——峨眉山黄湾肖宅

肖宅的美，在于山区农民朴素的商业意识和由此支配的选址建宅动机，以及产生的简朴小巧的建筑形象。

肖宅靠峨眉河岸，岸上一条古老水渠和山道平行，为过去香客必经之路。清末，宅主考虑要把客人吸引到此吃住，一是利用水量丰满、水质甘洌的渠水流动欢畅之美；二是在渠水上建一个别致优雅的小楼，以附会临水之趣。名山圣寺山林河谷间的民居，受寺庙建筑、文人香客从形到神、从意识到动机诸多影响，因此，建造房屋时，下意识地在造型、局部构作、空间用途、选址择地等方面都尽其所能地与之呼应。但又不能建成寺庙，于是我们看到了这可爱的山野之居。

如果说是一般山里农户之宅，但这里无法耕地，况且不必跨水而居，更没有必要修个留宿客人的小阁楼，这都会给贫困之地增加经济负担。如果说是出于文人之手，他绝不会把一渠美丽透明的渠水全藏于屋下，让其从地下横流而过，除了流水声，一点儿也见不到她的倩影。然而，对朴实文化下意识的理解终使肖家把旅栈、餐饮、住宅多位一体的建筑"立"了起来，并在苍翠林木簇拥下，显得风姿绰约，足以给人遐想。

△ 肖宅之美在于地底下传来淙淙的流水声，这是引渠水横流地下的绝妙设计

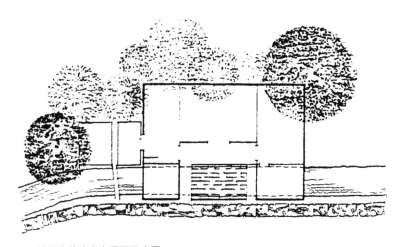

/\\ 峨眉山黄湾肖宅平面示意图

/\\ 峨眉山黄湾肖宅是建造在山谷古老渠水上的优雅小楼，为上山香客过往提供休憩之所

峨眉山黄湾肖宅

静谧的山间别墅

——峨眉山桂花场徐宅

　　徐宅位于峨眉山万年寺下的山道旁，是一舒适静谧的山野之居。宅主言宅建于清末民初，先辈素以采药、经营花草兼务农业为生，生活小康又多钟情于自然的情趣，因此，在山野间的一块小台地上，建了一座别墅似的小院。

　　小院为四合院前又套了一个三合院形制。长长的出檐下，在内庭围了一圈宽大的回廊。沿四合院两侧出外经三合院，檐廊适成楼廊，绕厢房三面并加附栏杆。在下柱头支撑而悬空高置，正是山区躲避潮湿的吊脚楼做法。两天井内垒石、引水、植草、栽花，一派世外桃源乐融融的景象。

　　还有那西侧的小天井内，同样摆满了各式造型的盆景，尤以兰草为最，透肤馨香，直逼肺腑。旁边一座楚楚动人的二层阁楼，楼廊三面围着小房间，恰好放一张单人床、一张书桌。由此遥望峨眉山色，聆听喔喔松涛，俯瞰庭院景观，放眼苍茫林海。

　　小院犹如文人学士隐居之巢，竟是如此文风拂拂、诗情画意。此高尚大雅之作竟然出自农家之手，足见我中华民族对文化的崇尚和景仰，亦足见自身文化素质涵养底蕴之深厚。小院变化生动清晰明了，让人思想毫无负担，简明畅达中唯见高低里寻求错落，实在是四川民居中一首别致的山野小诗。

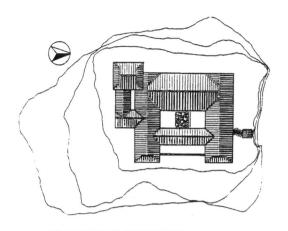

/⋀ 峨眉山桂花场徐宅平面示意图

/⋀ 峨眉山桂花场徐宅的建筑是四合院前套三合院的大院落，长长的出檐、宽大的回廊以及悬空的吊脚楼是建筑的特色

/\\ 位于徐宅西侧的小阁楼，正是吊脚楼的做法，其功能在于躲避山区潮湿的气候

/⋀ 峨眉山桂花场徐宅小阁楼一景

房若其人是商家

——五通桥花盐街某宅

不可小视一民国年间的普通商人之宅，房子选在山脚下，背山面水，不求四合院虚名，高筑台、一狭路，任何人不通报想入宅皆有嫌疑。尤其把客厅分成里外，足见商人的精明。一般人在外客厅见，贵客或有生意者请入内。所谓私密，分了多类，经商最高境界是钱，它能延伸到建筑中来，哪怕简简单单一陋室，在空间分配上，都能得到恰如其分的表现，可谓房若其人也。

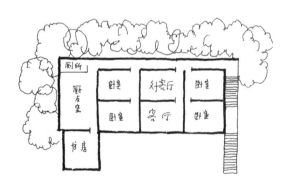

/⋀ 五通桥花盐街某宅平面示意图

/⋀ 五通桥花盐街某宅透视

铧场本是小民之居
——云阳故陵铧场刘宅

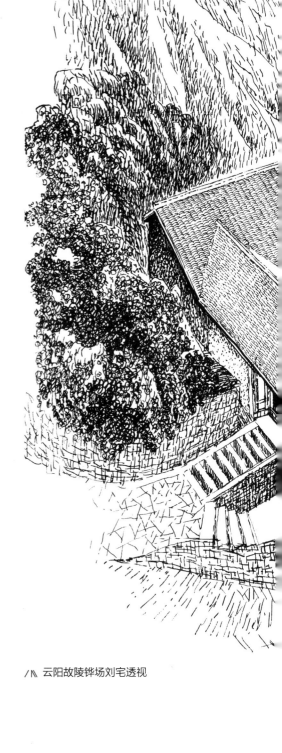

　　川东称耕田的犁头为铧头或铧口，生产此物的场所为铧场。铧场往往就在一般民居之中，本不为奇。长江边故陵镇边坡上刘宅为何会引起鄙人的兴趣呢？原因在于宅主不仅要当作坊主，还把住宅建得有点儿文化。试想，没有骑楼一样的挑楼廊面对景色开阔优美的长江，那此宅就一般了。若铸造铧口的工友们工作累了，在此抽一杆叶子烟，喝一杯沱茶，显然，不说像神仙，至少心情也有些放松和愉快。所谓民居文化，往往就那么一点点空间内容，能做到此份儿上，不是说积淀多深厚，而完全就是人的创造基因的有机延伸。

/∧ 云阳故陵铧场刘宅透视

/∧ 云阳故陵铧场刘宅剖面示意图

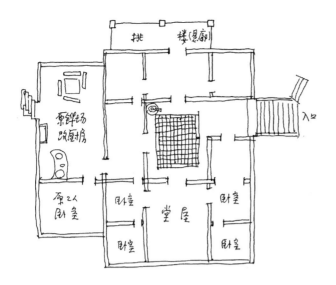

∧ 云阳故陵铧场刘宅平面示意图

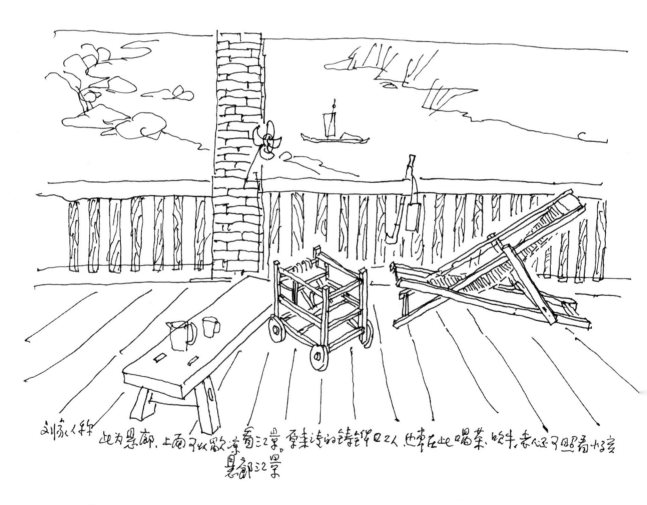

∧ 云阳故陵铧场刘宅现场速写

/八 云阳故陵铧场刘宅正处在长江边

统而有分，公私皆宜

——洪雅木城刘宅

  刘宅在木城的背后，我访问时已经是乡政府的办公楼。据说，围绕木结构的外围还有一圈砖墙，是刘家的私人住宅。从访问时看，如果经过改造用于办公，至少从当时的工作性质看还是很合理的。一宅分四梯，各走各的道，显然很方便，免得楼道狭窄拥挤。若从私宅的情况看，内通回廊可到达各层任何一室。

  二层多小辈居住，兄弟姐妹之间各有分属，各行其道，也利于和睦。这是一种聚而有散、散而有聚的通廊式变异合院。它虽然完整保存了中轴对称格局，但明显取消了堂屋这一神圣标志。因为它产生了堂屋上空的二层，这在标准的合院形制上是不可能出现的，有谁可以凌驾于"天地君亲师"之上呢？堂屋是至高无上的，不可侵犯的。

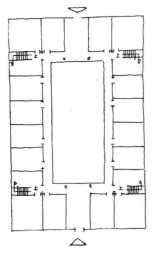 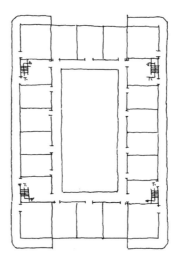

/\\ 洪雅木城刘宅底层平面示意图   /\\ 洪雅木城刘宅二层平面示意图

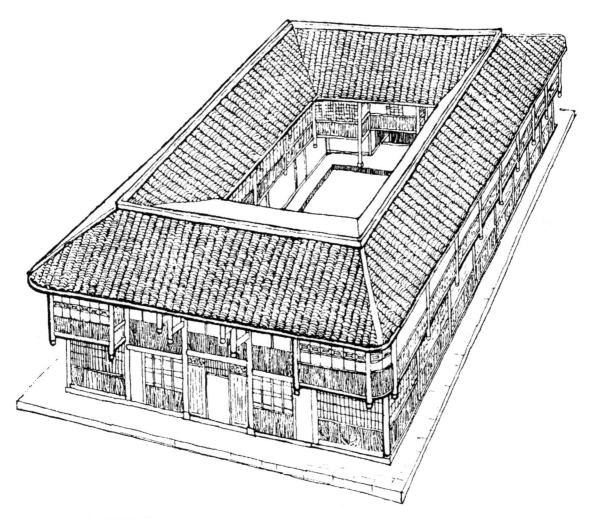

/⋀ 洪雅木城刘宅透视

东山客家有草屋

——龙泉驿西河钟宅

福建、广东、江西三省交界的客家原乡民居，因聚族而居，房子修得很大。部分人300年前入川后适逢四川"人大分家"乡俗，随乡从俗把房子修得仅够一家人住的面积就行了。但和湖广、陕西等移民不同的是，他们把原乡民居的核心空间带到了四川，那就是所谓的二堂屋，即上堂屋、下堂屋合称。在原乡，无论房子修多大，其核心部分总是二堂屋模式。令人惊叹的是，四川客家人大致分布的几大板块——成都龙泉驿、隆昌、荣昌 ① 一带，涪陵、南川、巴县 ② 交界山区，西昌黄联乡等地的客家民居中，其平面惊人地一致，自然，由内及外的空间，外观也惊人地一致。客家人自认为中华民族的正宗传人，在传承物质与非物质文化的进程中，对于中原文化的顽守，堪称铁杆。无论走到哪里，他们不仅不改客家言，同时也不改客家屋。龙泉驿西河乡钟俊成二堂屋新旧两宅便是实例。

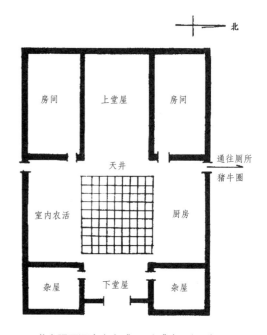

⚠ 龙泉驿西河乡客家"硬八间"（二堂屋）

① 今重庆市荣昌区。——编者注

② 今重庆市巴南区。——编者注

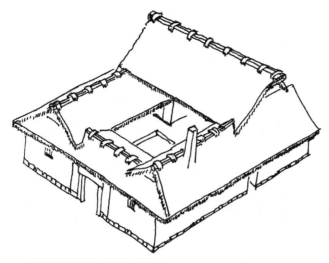

△ 龙泉驿西河钟宅老屋草顶模式

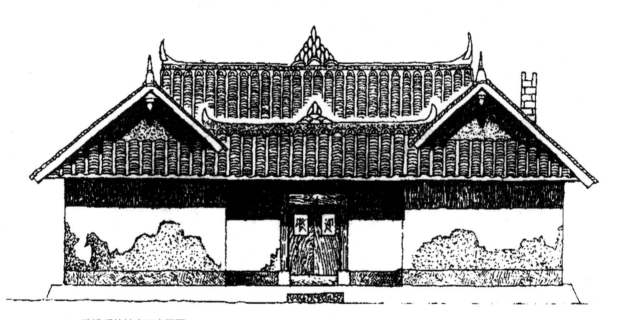

△ 改造后的钟宅正立面图

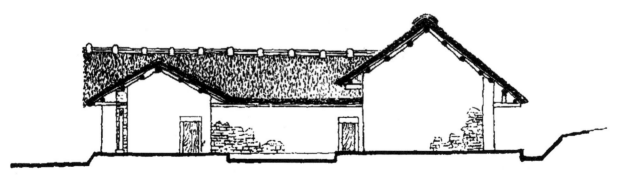

△ 原"硬八间"钟宅老屋剖面图

街道民居

　　四川没有自然聚落，只有以街道为主轴的场镇聚落。民居依附街道生存，它们就是所谓的街道民居。它们的临街部分主要用于商业，后面便是居住和支持商业的工场、作坊。民居形制非常复杂，没有统一制度，这正是它的迷人之处，也有纯粹用于居住和公共事务的，等等。清末，四川的场镇个数多达五千之巨，街道民居数量达数百万，可见那是多么富集的民居大海。

品味皆从个性来

——涪陵蔺市雷宅

涪陵蔺市为该县大镇，又为一方经济文化中心，加之临江，素繁荣乡里。雷宅自是典型商家中等精美之宅，共三进。面阔四丈八尺（16米），进深十二丈八尺（约42.7米），皆为吉数，商家之宅，尺度首选"八"数，横竖都冲着财来。此宅亮点多多，中前部有风火山墙置于宅内，又面对堂屋，显见不是风水，略有防火功能，更多的是从美学考虑。又堂屋兼过厅，开门居中，也不多见。再于堂屋前设"凸"字形天井，估计原为花园。更在三进生活区栽大树一棵，显见为热爱生活者，让人到此眼睛一亮，似别有洞天之感，分外清新。街道民居，不拘泥于封闭房间的数量，移趣于半封闭、全开敞的情调，显见宅主文化修养极高。当然，有钱，也是支撑爱好的必须，凡欲创一个个性特色者，只凭意趣，很难成就。

/∧ 涪陵蔺市雷宅

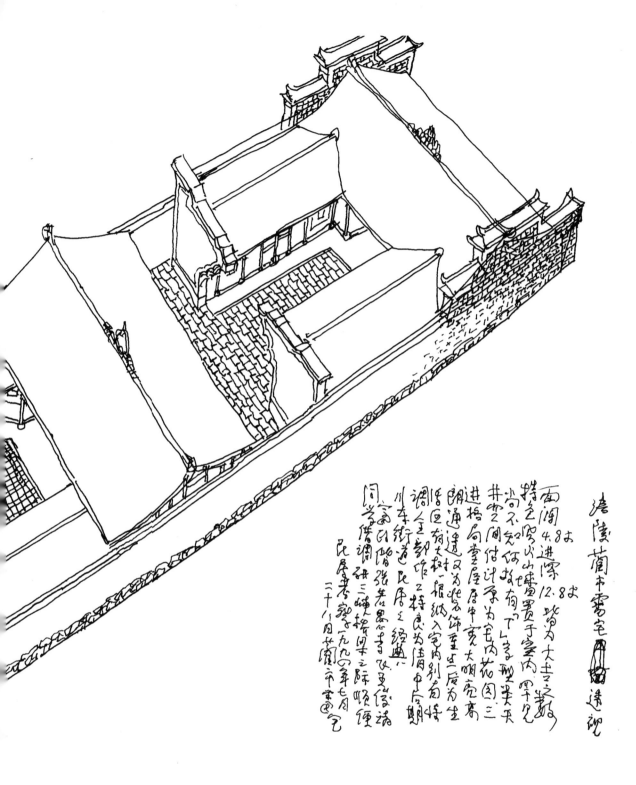

塘溪蔺市雷宅□□透视

面阔4.8米，进深12.8米，路为大吉之数。

特色窗为山墙置于室内，罕见，尚不知始于何故，有可能是为天井采光而设计采为宅内花园……

⋀ 从堂屋外看山墙庭院

街　道

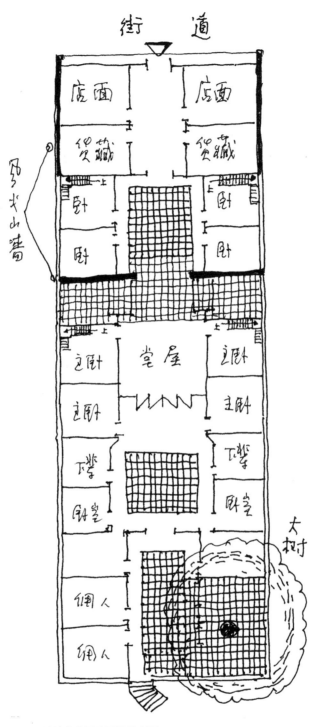

/八\ 涪陵蔺市雷宅平面示意图

临河住宅高格调

——洪雅柳江尹宅

尹氏是柳江望族之一，我认识尹道源先生是 20 世纪 80 年代晚期，大约是 1987 年，记得我带了一个 85 级建筑系的学生徒步，沿公路翻越峨眉山，经高庙镇到达柳江。当时尹先生正在做手工扎艺，他家后院正面临杨村河，选址优美，又得街道中心，理应是最早的原始民居。后来我又去过多次，并最终带学生测绘了这栋老宅。住宅砖木结构，山面片砖砌空斗墙，临街立面塑造典型民国窗与门，后面濒临杨村河，共两进，二层。尤其是后院亲水部分，令人流连忘返，书香气十足。特征是半封闭与开敞结合，室内又是木地板，全为穿斗结构的木构系统，展现了一种大自然的生命体与人的交融谐和，让人立刻产生亲和敬畏的精神向往。这里极具诱惑力，让人不可抗拒，想留下住一晚，以便更深入地体验。建筑能传导出诱惑到此种份儿上，这就是人们所说的魅力。

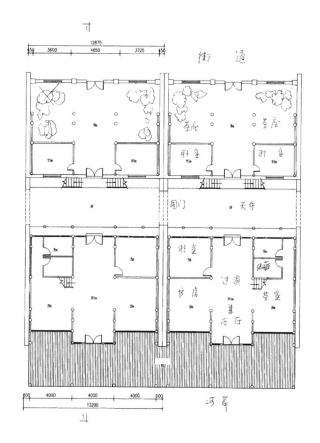

洪雅柳江尹宅一层平面示意图

洪雅柳江尹道原宅
之改造后设计其中
一车内之原貌写法

∕Ⅷ 洪雅柳江尹宅透视

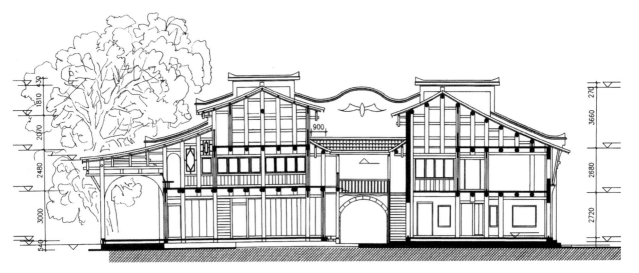

∕Ⅷ 洪雅柳江尹宅剖面示意图

一宅阅两家

——犍为铁炉曹宅

父母不在世了，两兄弟要分家，合情又合理。还好，只是在天井中间砌一堵墙，把中间的大太平石水缸分成两半，又把堂屋香火再剖开。于是上房的格局全变了，一条物质的实实在在的中轴线不顾一切冲破人伦，冲破习俗，冲破神圣，冲破空间……一切尚好，因为它至少没有把整栋房屋揭瓦毁梁，势不两立地断然分开，这就是最后的亲情还被梁、柱、瓦、桷维系着。尤其屋后沐川河的水埠，虽然自立石梯各走一道，总还是一个平台，有着对称的梯步……

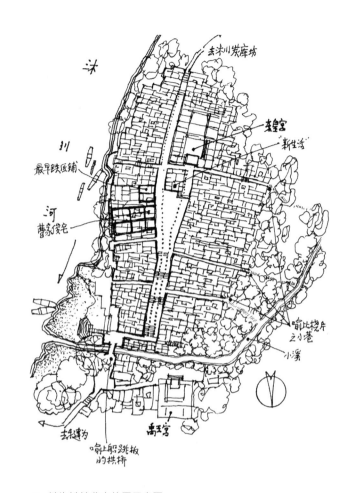

∧ 犍为铁炉曹宅位置示意图

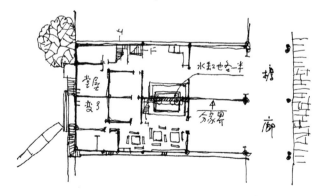

∧ 犍为铁炉曹宅平面示意图

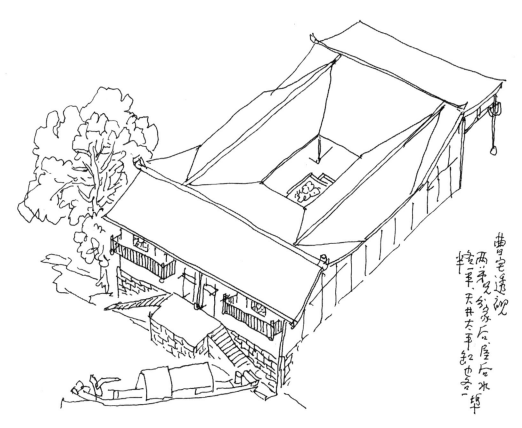

曹宅透视
两兄弟分家后屋后水
接一平,天井太平台也旁一坪

/\ 犍为铁炉曹宅透视（去中间隔墙状）

/\ 犍为铁炉曹宅剖面示意图

龙门古镇美绣楼

——彭州小鱼洞肖宅

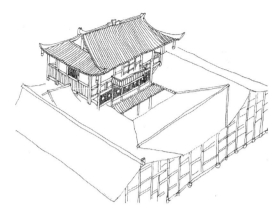

/↖ 彭州小鱼洞肖宅绣楼透视

　　龙门山脉古镇小鱼洞老街，居然冒出一个形态不俗的绣楼。20世纪90年代初，当我们进入古镇时，她鹤立鸡群的高度引起了我们的注意。果然，我们进去上上下下走了几遍后，浮在脑子表层的建筑术语消失了，脑海里重新泛起一个文化概念：为什么封建时代，姑娘闺阁可以极为阳刚地高于场镇所有建筑？是否当清末民初阴阳博弈在建筑上的光斑？更有甚者，闺阁完全是在庭院中轴线上房堂屋之位，这在当时的四川已不是"羞辱"祖堂的个别现象，而且大家净拿少女"开涮"列祖列宗、天地皇上。虽然后来把门开在右厢房，但丝毫掩饰不了铁定的空间事实。难道当初是宅主和叶木匠合谋而为？

/↖ 彭州小鱼洞肖宅绣楼沿街立面

　　该宅建筑面积281平方米，楼高9.39米，三层，全木穿斗结构，建于20世纪初叶，宅主肖姓请木匠叶登文为其两个孙女专建。

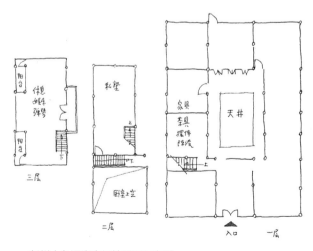

/↖ 彭州小鱼洞肖宅绣楼平面示意图

石柱石沱小姐楼

神秘兮兮怪善堂

——石柱王场王宅

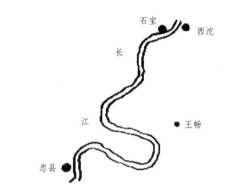

△ 石柱王场在长江边的位置示意图

新中国成立后，善堂很快在人们视野中消逝。后来的民居调查中曾发现过三例，一是成都大慈寺旁的鄂东善堂，二是江北县[①]沙滩某善堂，三是本文所言之善堂。三例共同点都是行善救济机构，为了言其固有功能，跟其他公共建筑一样，也想在建筑上有个说法，或者说有一个与别的建筑不同的形象。似乎此行民间者多，无人统筹，各行其是，三例三种不同做法。石柱王宅认为善堂神圣，就把它建在堂屋中轴神坛之位，再加建一层形同阁楼，于是堂屋上空升起了一个似阁非亭的歇山屋顶，正是公与私的似与不似之间，不是寺庙，又不全是民居，是什么呢？善堂！大写意也！然后，堂屋也搬家下房了。

王宅在王场的位置

△ 王宅在石柱王场的位置示意图

---

① 今重庆渝北区。——编者注

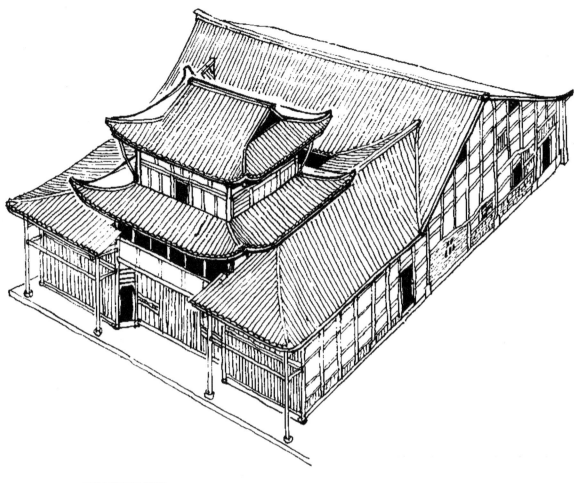

◢◣ 石柱王场王宅透视

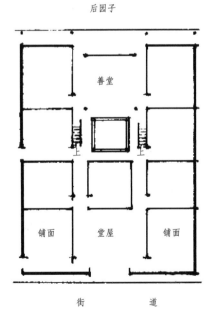

后园子

善堂

上　　　上

铺面　堂屋　铺面

街　　道

◢◣ 石柱王场王宅平面示意图

乌江第一美宅

——酉阳龚滩杨宅

　　几乎全为穿斗木结构的龚滩镇，表现为干栏发育到极致的特征，又是干栏聚落诉诸市街形态的国内第一，也是最大的干栏场镇。这是指它的干栏技术与艺术的完整性和规模性。这样的木头世界，突然在山墙面冒出一对漂亮的风火墙人家，可想而知，那是多么耀眼。杨宅业态在仓储业，因而需人力搬运船上与岸上的货物，久而久之又形成了劳动力聚集行当。川江过去称其为"力行"，杨家因而也叫"杨力行"。

　　杨宅是库房又是力行办公点，全然民居类，因其加了砖构的山墙在龚滩尤显得别树一帜，很是拉风，估计跟储盐怕腐蚀，以及火灾与防盗、防洪等多因素有关，故做了三层。更霸道者，还有一门可控制自己的私家码头。这就形成了力行、仓储、住宅、旅栈、码头趸船一条龙的系统空间，自然，主体的建筑和山墙外的偏厦就必须为生产、生活服务而做了功能的分布。高山峡谷之岸建房、大面阔、浅进深是共同特点，得一块宅基平地不容易。杨宅在乌江沿岸小城镇中算得上是一精美又大气的美宅。

1、厨房、杂物间
2、売方卖底行人下码头去的方便门
3、4 码头上来盐包
5、筮坝平台
6、由杨家出资修建私家码头梯道
7、二层工底层暗道似入口,有活动板盖启关
8、石鼻子
9、盐包兼批发盐巴仓库
10、第一例也建有通往码头的梯道

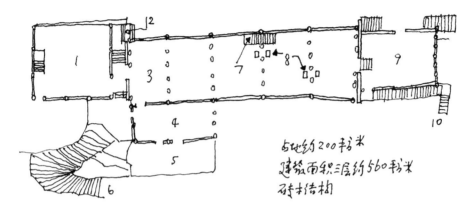

占地约200平方米
建筑面积三层约560平方米
砖木结构

∧ 酉阳龚滩杨宅底层平面示意图

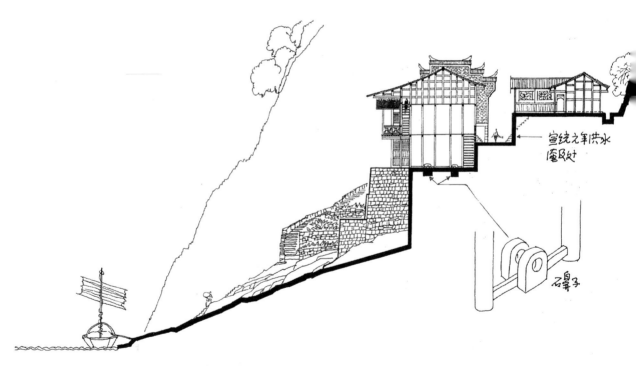

宣统之年供水淹没处

石鼻子

∧ 酉阳龚滩杨宅及码头坡段剖面示意图

∧∧ 酉阳龚滩杨宅后立面

∧∧ 酉阳龚滩杨宅透视

八 酉阳龚滩杨宅偏厦透视

/八 酉阳龚滩杨宅屋面一侧透视

古氏三宅之一斑

——忠县洋渡古宅

古氏祖上给后代三兄弟留下三栋临街住宅，均前店后宅式。三宅三种不同做法，令我等耳目一新。而后隽永者，是它的简约、朴实，按理，古氏是场镇上首富，而清中前期在忠县南岸方斗山尚有丰富的建房木材。但古氏没有刻意利用建筑在街上喧闹一番，除了风火山墙显得威风一点儿，其他皆小眉小眼，不事张扬。如图之宅留给人不灭的印象是小康，小富即安，甚至偏安一角的感觉。川中小镇百姓的行事原则是"躲"，不争、不吵，绕道而走……潜移默化必然影响建筑，于此似乎又深奥起来。其实，只有走进不同性格的人家，才发现真可谓房若其人。

/∧ 砖砌风火山墙者为忠县洋渡古宅

約 175m

古宅　秦宅

老街、忠县洋渡古宅、长江岸剖面示意图

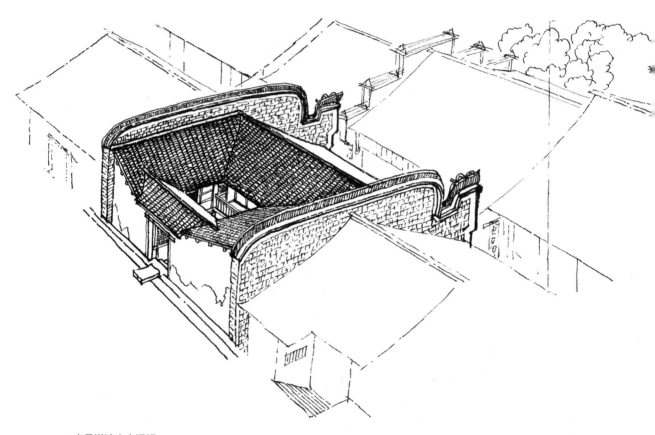

/⼋ 忠县洋渡古宅透视

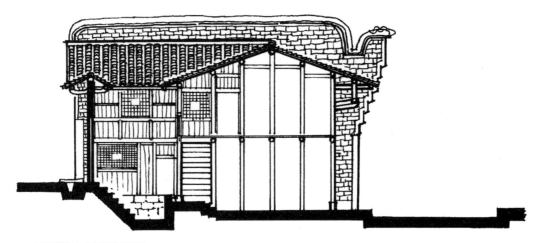

/⋀ 忠县洋渡古宅剖面示意图

/⋀ 忠县洋渡古宅后门写生

老街背后美闺阁

——资中水楠某宅

从传统绘画美学看乡土建筑，此宅堪称佼佼。内涵又在闺阁上。如何把家中闺秀住房建得漂亮一点儿，在四川乡土建筑中，可以窥视过去时代是煞费苦心的。一方面，不能太暴露，太招惹世俗。另一方面，又要满足父母在家中对于女儿的溺爱之情，在出嫁之前让她留下美好记忆。因此，在女儿闺阁上往往会有出其不意的丽巧。沱江边的水楠老街此阁建在民居的后面，街上看不见，唯有在房后的田野方能一览全貌。如果不是现代公路建设从后面坡上穿过，让人偶然得见，她将永远被埋没。

四川小城镇街道民居，搭建加建是一大特色，那些具有出彩的风貌、绘画感极强的小空间成为形态亮点。恰如一篇文章的形容词，所谓"闪烁其词"者，正是这些美丽的修饰部分。

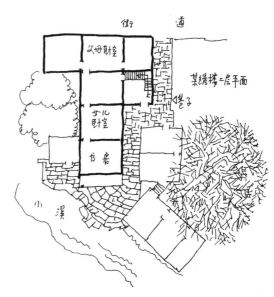

∧∧ 资中水楠某宅绣楼二层平面示意图

资中水楠某宅绣楼

节点居然狗儿市

——资中铁佛老街

为什么独独要在此处立一堵惹眼的风火山墙，还在墙外搭建偏厦？下面是古镇街道中段一处开敞空间，围绕它还有几户人家及街口，这就是人们常言的空间节点。从东西南北田野来赶场的人，多半要在这里聚散，自然是最出生意的地方。稀奇的是，狗儿生意最好。据说，清末民初小狗崽崽在这里形成市场之后，吵得四周百姓不得安宁，尤其是风火山墙人家居然是一后生的书房。凡狗市鼎盛之时，吵得人寝食难安，哪里有心思读书呢？于是，建了一堵象征"五行"金、木、水、火、土中"金"的符号的山墙起隔音作用，以防狗叫噪声，同时还有因此而发财的隐情诉求于其中。

/\ 狗儿市屋面

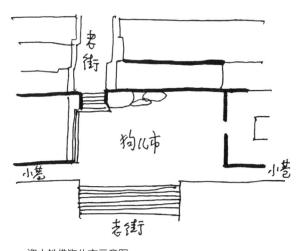

/\ 资中铁佛狗儿市示意图

⋀ 狗儿市非凡的山墙形式构成无懈可击的竖向构图

⋀ 檐缝中看狗儿市

/八 装饰复杂的节点民居

歪前正后温家院

——巫山大昌温宅

温家大院是大昌最著名的房子，原因就在于临街部分是歪的，包括一进庭院在内。这当然是清以来风水建房的恶果。恶果最严重者是有两个天井旁的房间是不规则四边形，锐角者最不受人看，也就不太好用。还有就是坊间流传建房匠人对温家寡妇的报复，故意建成现状。无论何因，过去建房不请风水先生是不可能的。风水是一个非常复杂的历史、社会现象，一概言对与错，均不是道理，也用不着去争，就像老房子的功与过一样，它和中国百姓相携而行数千年，留下厚重如大山的文化，不信全然没什么大惊小怪，信也就是一种认识，均不可封堵。

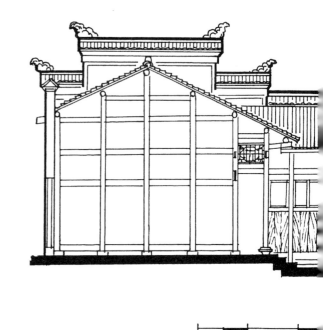

／八 巫山大昌温宅剖面示意图

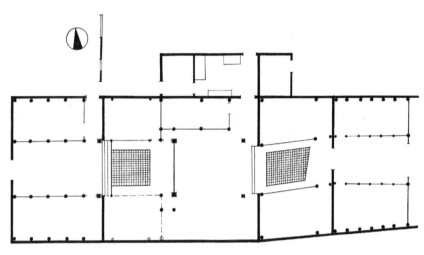

∧ 巫山大昌温宅平面示意图

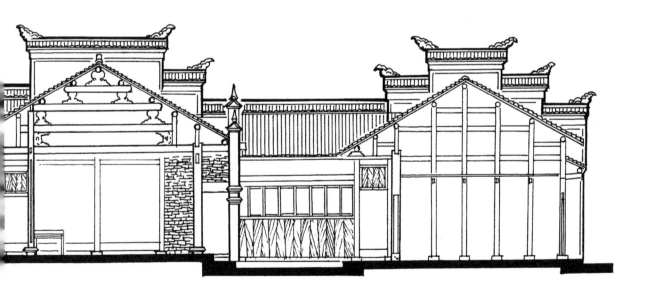

前店后宅之厨

——忠县洋渡老欧宅

大约在 1992 年，也是长江边小镇，巴县木洞镇，那里有新中国成立后第一位驻外国女性大使丁雪松的故居。家在街旁，正是所谓前店后宅的普通街道民居模式。但后宅留给我的印象极深刻。甚至我一生都能记起的是它的厨房，不是建筑，也不是出其不意的空间，而是摆满了坛坛罐罐、厨用家具、竹制用品的用于炊事的大房间。有条不紊的气象，梳理得体的摆设，如一个静物大展。这使我一下想起江南大画家颜文梁，只有他创造的油画色彩、气氛可以为之形容……事隔 10 年，我们又来到了长江边的又一个百姓家，也是前店后宅，也是厨房的气象令人激动，于是它冲击了我对其他空间的记忆，留下关于厨房的深深的记忆印痕。

/⋀⋀ 忠县洋渡老欧宅厨房侧立面写生

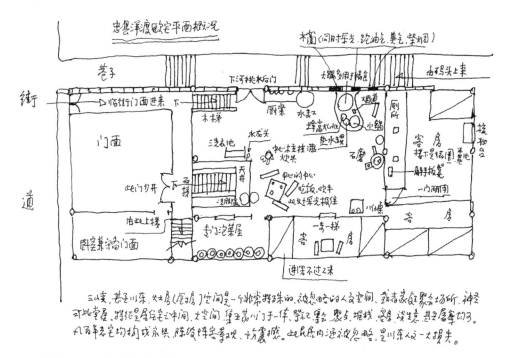

忠县洋渡欧宅平面概况

巷子

下河挑水后门

木窗（同时采光、路油盐、柴气、柴烟囱）

大锅多用于结婚

由码头上来

街

临街门面进来下

门面

木梯

下右梯

此门少开

由此上楼

厨案兼铺门面

三洗衣地

水龙头

天井

专门泡菜屋

厨案

水缸

三踏磴

蜂窝火（灶）

柴火主柱挂海

炊具

石磨

吃饭、吹牛

此处打柴发烟囱

垫水缸

烟囱

厕所

小锅

客房

楼下是结圈

堆杂地

解手板凳

一门两用

客

一等一梯

房

客 房

进深不过2米

川味

三峡，尤其川东，灶房（厨房）空间是一个非常特殊的、被忽略的人文空间，或者家庭聚会场所，其重要可比堂屋。特别是居住空间之中间，大空间，集生活、门于一体，烹饪、聚友、堆栈、照明、读书、睡觉、起居等均可。凡百年老宅均构成永吴，陈设陈杂、壮观，十分震撼。此民居内涵被忽略，是川东人之一大损失。

∧∧ 忠县洋渡老欧宅厨房平面示意图

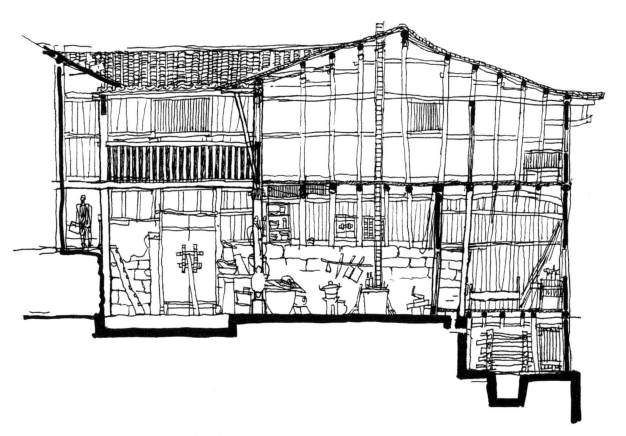

∧∧ 忠县洋渡老欧宅厨房剖立面速写

宅后堪比宅前

——石柱西沱陶宅

　　国人素爱脸面，看重一宅的前外墙面和大门，也称为门脸或门面，常评价某人"强撑门面"，即指某人无实而假秀。然而此宅又一反常态。此宅临街门脸简单得很，内部和后墙面却做得素雅可爱，不像一般街民之宅，俨然一派有教养的小康人家。此类型在川中市街还不是少数。归结起来还是"隐"字在作怪，即凡事不张扬，悄悄干，背地干，钱财不露白。若再往深处想，外面叫苦装穷，关门大鱼大肉……这是不少人的生存哲学，在建筑上绝对会因人而异地流露出来，所以，物若其人，正是我国建筑博大精深之处，而不只是门面金碧辉煌。

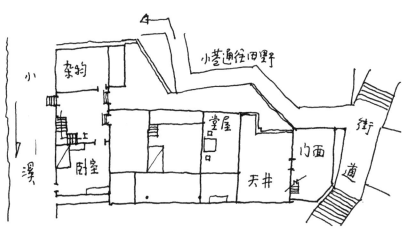

石柱西沱陶宅总平面示意图

八 石柱西沱陶宅背面透视

秦宅采光煞费苦心

——忠县洋渡秦宅

　　秦明庭宅这堵风火山墙原意肯定是防盗为主，其次才是防火。你看，采光的窗很高、很少、很小。这一来封死了内部光线，房子进深又长，咋办？其实，里面亮堂得很，原来它采取了两个办法，一是在房顶开天窗，即用两平方米亮瓦（玻璃瓦）大面积采天光，俗称旱天井，借天井意象采光。二是临河面开窗，谓之采河光。前者做堂屋兼客厅之用，后者用作客人房间，均恰到好处。功能水到渠成，毫无修饰痕迹，住了很久才发现宅主为采光用心良苦，确也是动人之处。

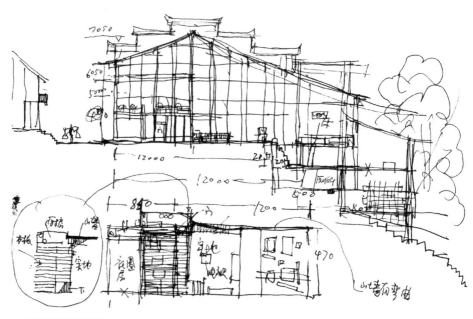

/Λ 忠县洋渡秦宅草稿

忠县洋渡秦宅山墙透视

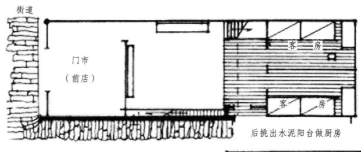

街道

门市
（前店）

客　房

客　房

后挑出水泥阳台做厨房

∧∧ 忠县洋渡秦宅（作栈房用）之一层平面布局示意图

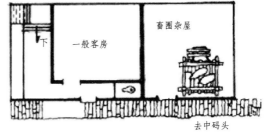

下

一般客房

畜圈杂屋

去中码头

∧∧ 忠县洋渡秦宅负一、二层之平面布局示意图

∧∧ 忠县洋渡秦宅侧墙

八 有山墙者为忠县洋渡秦宅屋顶

深不可测四进院

——洪雅城隍街王宅

三开间 12.9 米，进深达 90 米，共四个天井，还有 20 多米长的后花园。这样狭长的用地，宅主是如何处理的？待反反复复走了几趟之后，你才感到万事不能周全，顾此必失彼。比如，顾得了厢房的进深，必然缩小天井面积，天井小又必然影响庭院采光。如何是好？只有缩小厢房进深。于是你看见的是厢房太小，小得只有把床也缩小得只有一米左右宽，犹如集体宿舍一般。但是第一进天井和第二进就避开了此般局促，改成廊道，不做房间，如此就游刃有余了，这就是智慧。但有个前提，就是家庭人口不多，多了还是需要房间。城市街道民居，因用地的局限，老百姓创造了不少值得总结的空间。他们因地制宜，权衡得失，常常有使人眼睛一亮的智慧闪光，又常常使人感到神秘莫测，真还有点儿莫衷一是，深不可测。

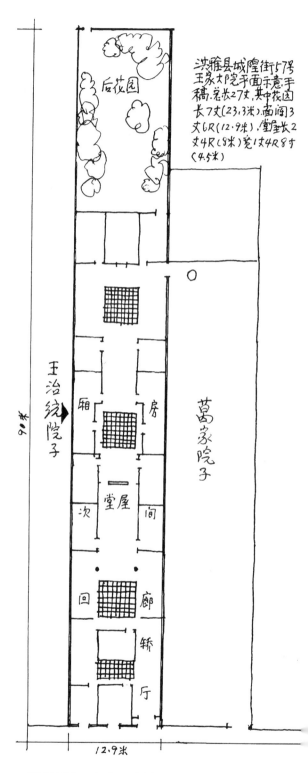

洪雅县城隍街5号王家大院平面示意手稿，总长27丈，其中花园长7丈(23.3米)，面阔3丈6尺(12.9米)，堂屋长2丈4尺(8米)宽1丈4尺8寸(4.5米)

王治统院子

葛家院子

90米

12.9米

厢房

堂屋

次 间间

回 廊

轿 厅

∧∧ 洪雅城隍街王宅平面示意图

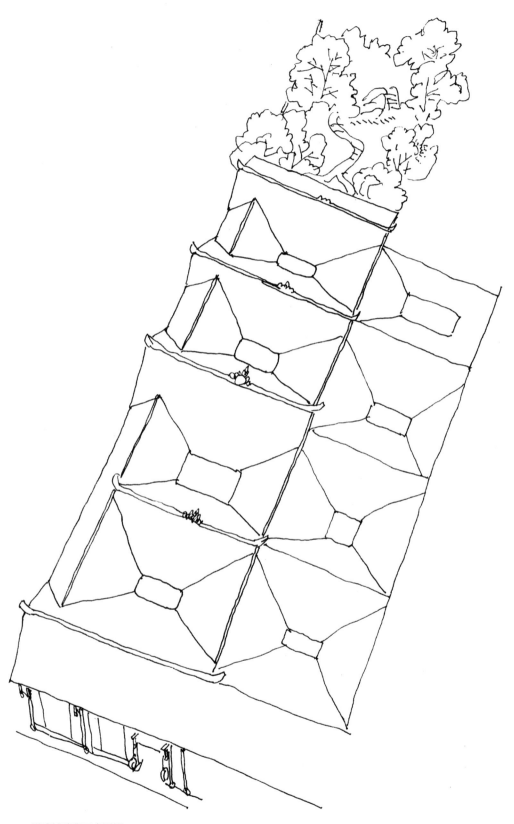

八 洪雅城隍街王宅透视

雅俗一家亲

——酉阳龙潭吴宅

　　一家两宅，各尚品味，一宅尚雅，一宅爱俗。雅者，大门、内庭、装饰做得有板有眼，正宗规范，精益求精，全然一派书香门第。俗者，不讲规矩，放肆放纵，门上骑楼，转弯抹角，悬吊小楼，进去思想解放，敢于放声豪喊高歌，还养骡马，大有山野情调，最受年轻人喜爱。然而两宅又统为一家，雅俗共存，实在少见。建筑能把不同人性诉诸空间，又统筹一体，超阶级共享，实为娱乐建筑，把玩土木，士大夫之极致也。住宅占地约800平方米，建筑约1000平方米，共两层，砖木结构，有地下泉水冒出成溪绕流宅前，追寻"小桥流水人家"诗意，乃表达儒商之宅的底蕴，谓之大雅。

⁁⁁ 酉阳龙潭吴宅一层平面示意图

/八 吴宅透视

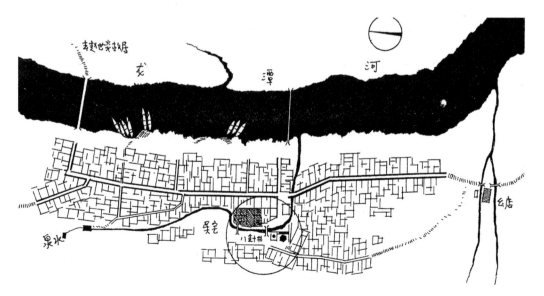

/八 酉阳龙潭吴宅位置示意图

酉阳县龙潭镇傍民居颇有
湘西民居类似之处，画时一九九三秋
有偶录

∧ 酉阳龙潭吴宅速写

老宅华丽仅外表

——忠县洋渡沈宅

　　从长江岸上来，高大峻拔的楼房加大条石堡坎，如泰山压顶，一下就把人镇住了。加之宅主沈八爷响当当的名字，不知者以为好大一个神仙之宅。其实沈家发家靠帮人后做药生意成气候。此宅是发迹后的婚约产物，即沈八爷家出钱，老婆家出材料的双方合成之作；也是那个时代一种把双方都捆死，免得日后生变的有效办法。于是选了一块陡坡做宅基地，所以光是基础就费事不小，故宅不伟岸，却视觉效果非凡，一时传遍乡里。

　　内部空间就更简单了，前面大部分客栈、堆栈、房间、门市并置天井，精彩在后下沉厨房部分，低了4米以上。此不知为下江河挑水的工人省了多少劳力。大概老板悯恤人有感，使得后面的形态，包括石堡坎部分变得亲和和优美起来，也许此等同貌随心变的说法，于是房子也有了生命。是否如此？笔者传话想看室内究竟，沈八爷后生从15里外的山路摸黑跑来为我开门，居然锁锈不能开，又砸锁破门，做法与说法同步，况且两代同举，善哉！

/l\ 忠县洋渡沈宅剖面示意图

∧ 忠县洋渡沈宅后门速写

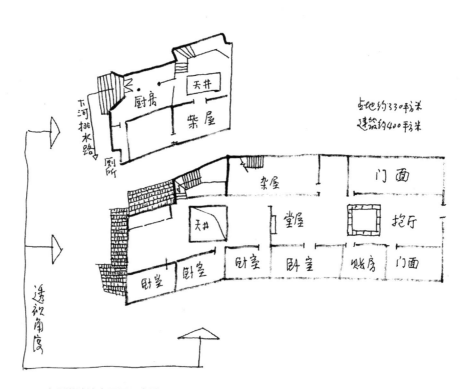

下河排水路

厨房

天井

柴屋

厕所

占地约330平米
建筑约400平米

柴屋

门面

天井

堂屋

抱厅

卧室

卧室

卧室

卧室

账房

门面

透视角度

∧ 忠县洋渡沈宅平面示意图

忠县洋渡沈宅后山墙透视

"舍宅为寺"观音阁

——合江车辋观音阁

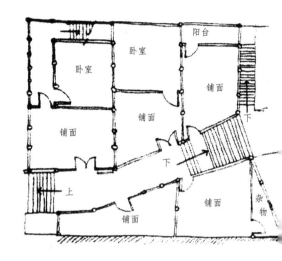

寺庙无法以外形特征判断，恰是民居一般。根子在"舍宅为寺"的渊源上，就是说寺庙是民居衍变而来的。衍变的深度就是现在大家看到的有中轴线的宫殿式寺庙。然而相当的原生模式反而稀罕起来。今有幸于四川边境的车辋镇得见，尤可见亲切之感：过街楼、九宫格、小阁楼、挑楼、全木穿斗结构、竹编夹泥墙……全部民居元素，一栋地地道道的乡土民居。是宅主有意"化腐朽为神奇"呢，还是后来者在本为民居的里面供奉了观音？无论何故，它使我们看到一副亲善的，可以零距离接触的，可以毫无思想负担进入的外墙面孔。仅此微不足道之处恰是大多高大、现代、豪华建筑不能比拼的，当然，它是不可能给社会留下记忆的。试问，有几处这些建筑留给你记忆呢？

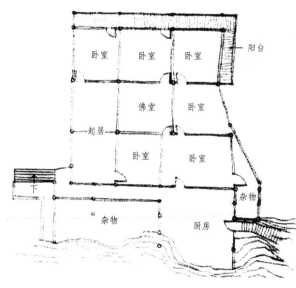

合江车辋观音阁一、二层平面测绘图（张赟赟图）

/Ⅶ 合江车辋观音阁外墙透视（张赟赟图）

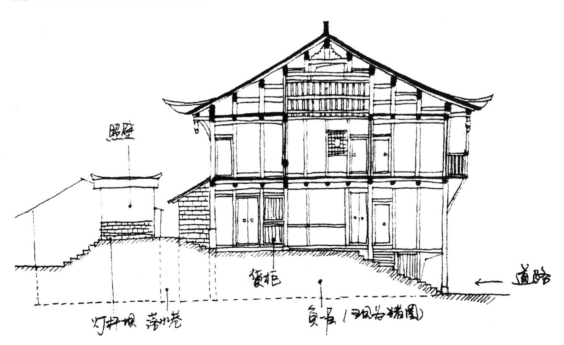

照壁

货柜

道路

灯杆坝 荡水巷

负易（圆构为楷图）

/Ⅶ 合江车辋观音阁剖面示意图

人走楼空留闺阁

——合江车辋丙宅

　　川黔交界的赤水河畔，蕴藏大量的场镇及乡土建筑空间，这是一笔物质与非物质文化富矿。有的场镇民居隐匿于市井中，偶尔探出头来，犹如少女害羞的神态，你的心一下就被她抓住。车辋小场镇傍赤水河临崖而建，街道必然狭窄，民居必然进深短促。那么，要在家中建一处小阁楼或读书楼之类风雅之物，亦必然要从群屋之上探出头来，形态亦如人的头部，居于高位。若果真是家中姑娘的闺阁，男权社会中一家之主的父亲，出于对女儿的宠爱以及行将出阁的眷念，往往不惜钱财，不管世俗，在宅中选择一角，高立闺阁，让其短暂的家中岁月过得风光一些，这也是可以理解的。如此民风在赤水河一带非常淳厚。车辋小镇丙胜云宅的小姐楼让人过目不忘，可见父辈在宅中寄予了何等深沉的情感。如出嫁就是一个世纪，那阁楼仍然留着她的情影。

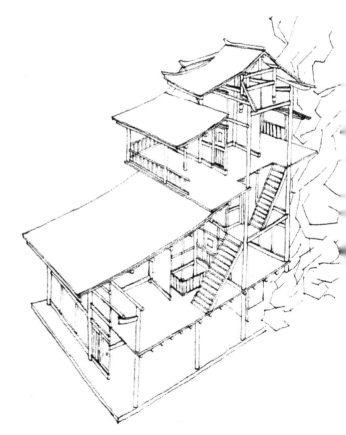

∧∧ 合江车辋丙宅小姐楼（闺阁）剖视

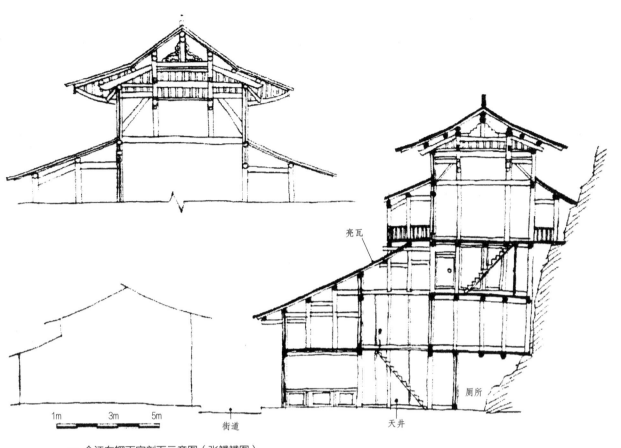

亮瓦

厕所

天井

街道

1m   3m   5m

⚠ 合江车辋丙宅剖面示意图（张赟赟图）

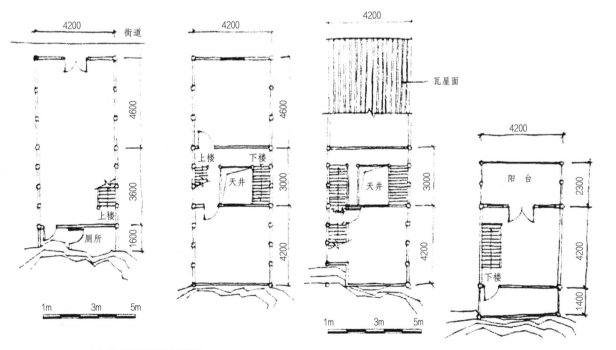

4200   街道

4200

4200

4200

4600

4600

瓦屋面

上楼   下楼

天井

3600

上楼

阳台

2300

天井

厕所

1600

3000

3000

4200

4200

下楼

4200

1400

1m   3m   5m

1m   3m   5m

⚠ 合江车辋丙宅平面示意图

洋房子门斜着开

——忠县洋渡陈宅

忠县洋渡陈宅平面示意图

长江川渝境内段，凡两岸公私建筑，稍有条件者，纷纷把大门斜开。所谓斜开，即斜对着长江上游。传统建筑最典型又斜开到位者，为云阳张飞庙。即成直角，意喻江水如银，直流庙中，是吉祥祈福之意。洋渡陈一韦宅，本为仿学西洋科学建宅，不想仍将传统中轴对称，四合天井，戏台堂屋等一系列封建序列引入家中，更是将大门斜开，信奉风水五行。这就怪了，是否中西合璧就是此般模样，以中为主，外饰西洋？

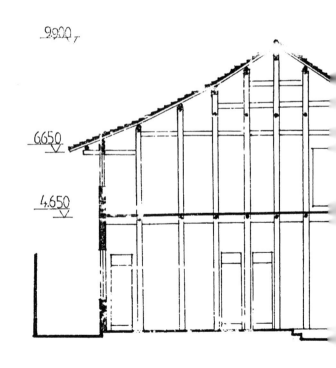

忠县洋渡陈宅剖面示意图

∧ 忠县洋渡陈宅大门速写

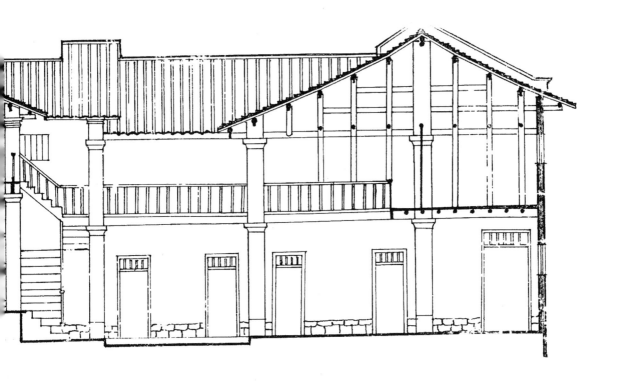

算尽算绝张家宅

——五通桥工农街张宅

张宅有三大部分：私家码头、盐仓、住宅。三者布置在一斜坡上。码头在芒溪河边，盐仓居中在岸上，便于运输。住宅建在最高处，防的是盐水浸入宅内。后来宅主又把盐仓、住宅用围墙包了一圈，请了风水先生权衡再三，决定在坡上的住宅另开一道单边八字门。门朝上游，以利钱财如水向家中涌来，而"单边"之意，全因地形所限不得不做出的选择。接着宅主又把码头调整到中轴线的偏上游方，并和住宅中轴形成一定角度，用意和住宅同义，也是望钱财如水流向家中。

五通桥为清代大型盐业基地。沿江有 80 多个码头，有个规矩：寺庙宫观等公共建筑的码头可以和主体形成中轴线。而民居不行，如张庭轩宅，则必须和住宅轴线形成角度。当然，在住宅的上游方或下游方就大有讲究了。

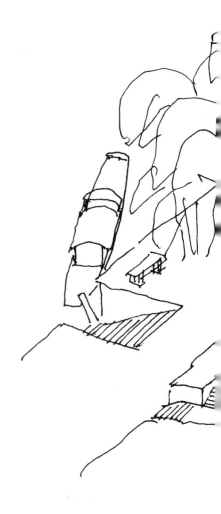

/⺁ 五通桥工农街张宅速写

玉通桥张庭轩宅
很有讲究风水
为第一要素

碉楼民居

　　碉楼是一种设防建筑，为什么它在四川这样多，而且绝大部分都和住宅建在一起？这些碉楼的建造年代几乎都是在清代和民国年间，尤其以川东、川南为甚，高潮时数量估计达万个之巨。这就必然出现质量的飞跃和文化的浓聚，强化着散居的形态个性及乡土空间的区域性，由此展现了它在全国民居中的独特性。

建筑又是个人传记

——涪陵大顺李宅

无论如何，民国初期，在涪陵山区建大型夯土民居的首要因素是社会原因。一个开明士绅，早期同盟会员之所以住宅要设防，是因为面对的是武装力量挑衅。建筑做得通透大气，内部回廊式通廊，上、下两层尺度不同于一般民居的窄小尺度，包括楼梯在内，皆宽大有余，犹如公共建筑。于贫困山区如此之为，显见有深层次的"啸聚"思考。果然，李蔚如先生成为一方推翻封建统治的先驱，又是追随民主思想的烈士。据传，近在咫尺的大顺场就是刘伯承护国战争期间积聚革命力量、操练军队的地方。想来，李先生常邀刘伯承在家中小聚，畅论时局，谈笑风生。那碉楼，木质宽展的廊道，也许是二位革命前辈置桌设凳，对饮小酌的地方。环护一周坚固的夯土结构和内部全木穿斗的空间划割组合，又石柱大开间的民国元素，这就构成了很强的时代特征。透过这些空间现象来度量宅主，宅主必然是一个内心向上，热情涌动，敢于破坏旧习气、旧制度的热血青年。建筑是诗、音乐，同时也是社会史，是个人传记，读来一样震撼，一样回肠荡气。

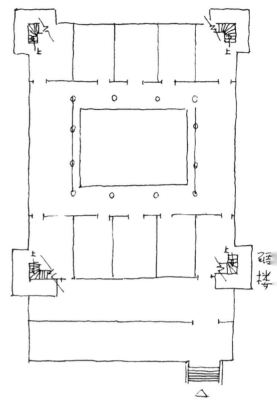

⋀ 涪陵大顺李宅大型碉楼民居平面示意图

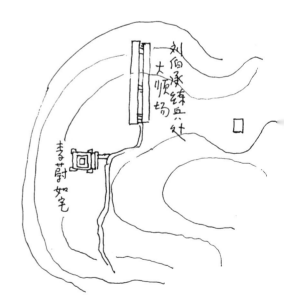

⋀ 涪陵大顺李宅与大顺场位置示意图

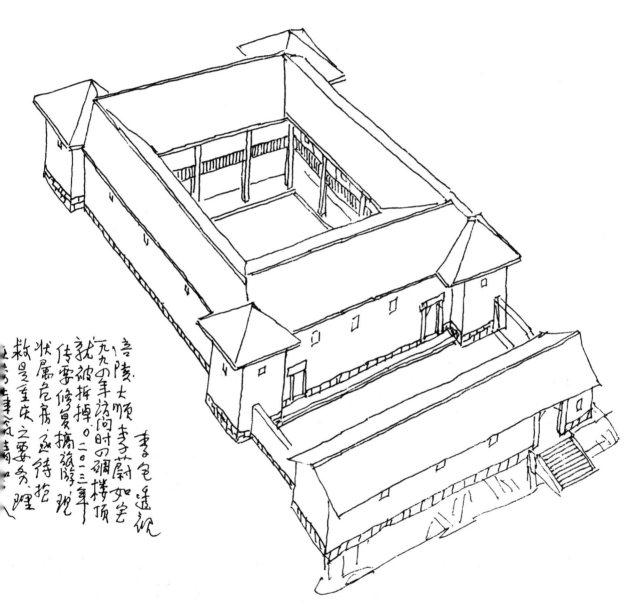

涪陵大顺李蔚如宅
'九〇年代房间时的碉楼顶
就破拆掉。二〇一三年
传季修复搞旅游现
状属危房，尚待拾
救是重庆之要务，理
...

李宅透视

八 涪陵大顺李宅透视

碉楼上山有连廊

——涪陵开平张宅

把碉楼建在屋后山坡上，为的是看得更远更宽，能有效保护下面住宅里的人的安全。遇有犯敌，能尽早提前警示。因而在住宅与碉楼之间必建一走廊相连，尤其要从屋顶上冲出廊道是关键。涪陵开平张正学宅是巴蜀碉楼民居中的又一孤例。当然，要说弊端，最大的问题是火攻，一把火就可以毁房毁廊，断其退路。所以，碉楼有时不如说是景观，一种农业时代的设防景观，战争是没有办法防范的，匪盗防范也是有限的。后来碉楼变成一个以瞭望为休闲的构筑体……作为文化，它留下一页设防构筑的故事。

 涪陵开平张宅瓦面鸟瞰

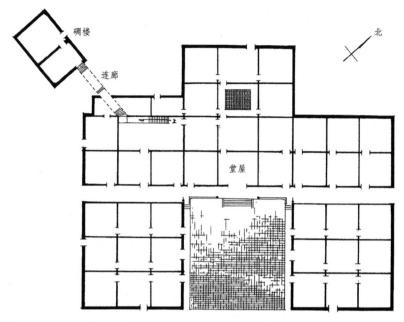

碉楼

连廊

北

堂屋

∧ 涪陵开平张宅平面示意图

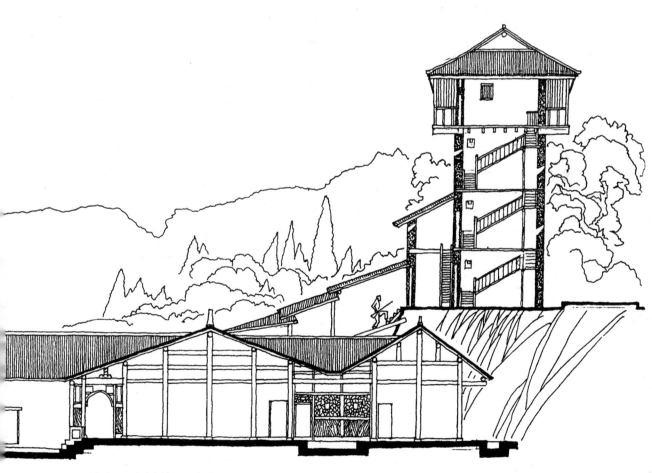

∧ 涪陵开平张宅剖立面示意图

涪陵开平张宅碉楼立面与环境

设防还是爱美

——涪陵明家魏宅

　　对于碉楼的理解，川东山区人民有自己不同的思维。只要能防御冷兵器攻击，皆成道理。就不一定非长宽一样尺度，等量分配设防力量不可。那么就会出现长方形、变异性等各式各样的平面，各式各样的造型。如果再深究原因，更多的恐怕还有朴素的美学认识在其中。比如民国期间，匪情并不是凡农户必抢必烧的局面。如果宅主有一点儿想在建筑上表现自己的能力，他就会改变把夯土结构摆在屋后的一贯做法，换一个位置而放在庭院的厢房之前端，同时把传统的方形演变成长方形或其他什么形状而尽量展示自己的存在，并把它摆在人流较多的大路旁。房若其人，于是人的与生俱有的表现欲得到满足。夯土结构有这种技术和材料来达到人的愿望，就如当代一些人的住宅一样。不同的是，他还留恋它的木构系统，尤其是内外檐廊灰空间，他把它做宽、做大，并与夯土结合得非常完美。归结一点，生土材料组合永远不过时，永远也协调。

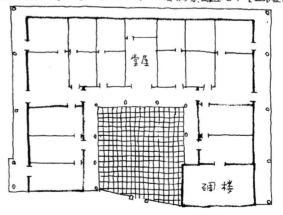

∕∖ 涪陵明家魏宅平面示意图

/⋀ 涪陵明家魏宅透视

/⋀ 涪陵明家魏宅内庭正房檐廊及碉楼

客家土楼川中变形

——武隆翻碥刘宅

　　高山深壑的武隆山区，"如果我有钱也会建这样的庄园"，这是本地一个贫农说的老实话，接着他又说："过去这些地方，钱多了要遭抢。"大约指的清代直到新中国成立前这里的社会环境。农民道出了一个真理，人为比自然对于建筑的影响更大。至于防御的深度如何，要在建筑上做出什么花样，则又要看匪窜的烈度和宅主的文化了。比如，在四角的碉楼上加建一个普通的房子，则很见宅主的幽默与大气，而在建筑的类型上似乎混淆了界限，没有此般形态。所以它的出现让我们看到一种创造，一种发现，结果是在和土匪开一个玩笑，那就是"老子把房子修在碉楼顶上，看你来抢"。

　　东南三省客家人的碉楼庄园没有这样的模式，但这一看就是从那里来的客家在川中的版本，活灵灵的川人调侃幽默感。要在建筑上做到此般境界，理应有相当的胆识。

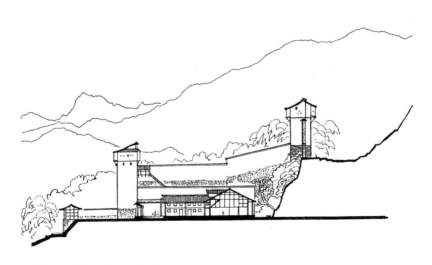

/⋀ 武隆翻碥刘宅剖立面示意图

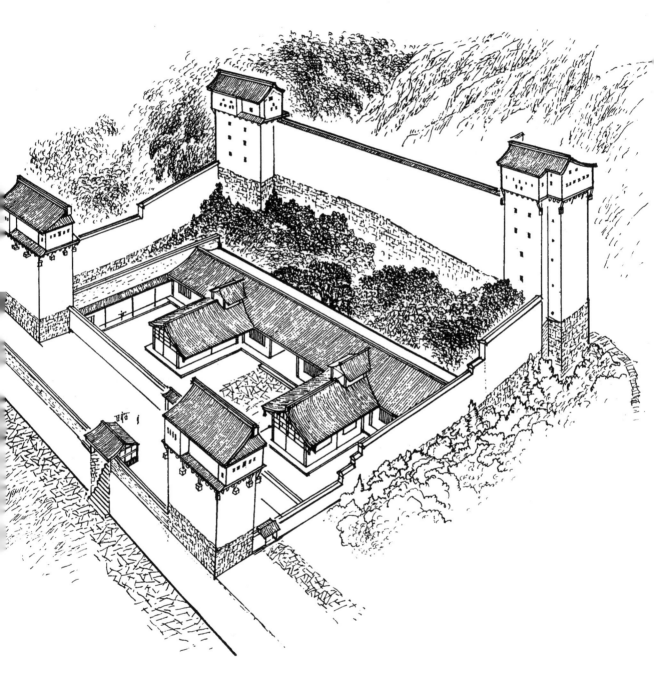

⁄⋀ 武隆翻碥刘宅透视

川渝唯一大型土楼

——涪陵明家瞿宅

瞿九畴于1932年在双石坝建了两幢这样的土楼，另一幢就在旁边，拆除前叫"五岳朝天"，即除了四角共4个碉楼外，中心天井处还立有一个。如果仍在，肯定是国家级的"尤物"了。

此宅共三层，围合全夯土，内全木穿斗结构，两者之间有隐廊串通，是西南几省唯一的大型土楼，明显有广东、福建、江西三省交界地区客家土楼的血缘。边长8丈（约26.7米）见方。占地近一亩（约666.7平方米），建筑1400多平方米。设计突出一个防御核心，故处处扑朔迷离，周密谨慎，无懈可击，没有观察与射击死角。而"八丈见方"的数字寓意，又隐含了宅主的行事风格与追求。严密的空间组织还昭示宅主可能与犯敌长期周旋的深谋远虑，比如有水井、粮仓、马厩（后改制）等空间。而后又在大门外加建一大型木结构的庭院则不知所云。再有几里外就是著名的大顺场，正是刘伯承元帅当年厉兵秣马、操练军队的地方，想来必从此楼门前过。不！那时还没有此楼。

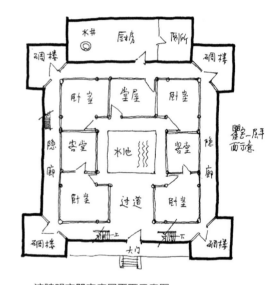

/八 涪陵明家瞿宅底层平面示意图

/八 涪陵明家瞿宅内庭改造成粮仓后从大门进来透视

∧∧ 涪陵明家瞿宅透视之一

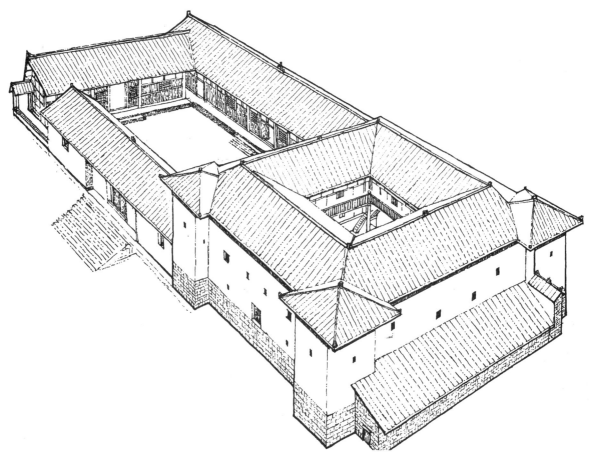

∧∧ 涪陵明家瞿宅透视之二

涪陵明家瞿九田书宅平面示意 1994.4.29
（孔明家双弓七长夜管所，任调接记 萄作）

（明家双弓坝六扑扑社头，胡之科提供此宅掌剧师修宅的
地题所特识，十句何妈多诊培踹。@）

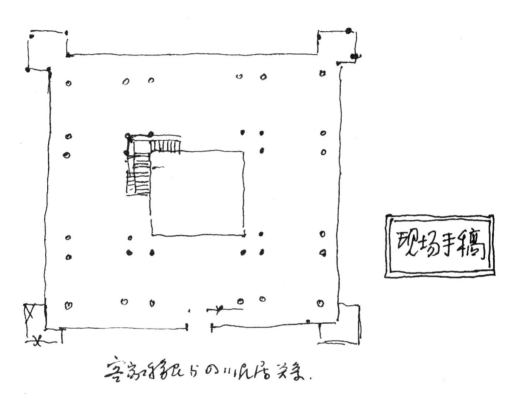

客家移民与 の 川民居关系．

* 全国范围内，仅有の川三部份"新围楼"与客家土楼相似，又被"季"指影响
* 有如下い种保存 多 客家风貌的地方
1. 比较交型．相类客家土楼内：（上图）涪陵明家觉九书宅（先两面还有
　　　　　　　　　 武隆长坪墓宅　｛一宅曰"五岳朝天"
　　　　　　　　　　　　　　　　 四个周墙中
　　　　　　　　　　　　　　　　 为田加旧也 ｝

2. 部份保留．大部"川化"：以院寸维仅宅之内空间走廊 ｝和客家土楼内
　　　　　　　　 陵辞本城领以及有别宅外空间走廊 ｝空向走廊比多客

3. 平面仍保留客家风以来：寸维仍宅

4. 局部和客家有颇相似的地方．

* 是否存在中国人的"围合"以大一像哲学观之的影响？

/八 涪陵明家瞿宅平面示意图现场手稿

碉楼民居有佳制

——涪陵巫家坡孙宅

涪陵山区，夯土建筑发达，其设防的优越性适逢清中期川东白莲教起义，朝廷号召坚壁清野，正中江南各省移民擅长建筑技艺下怀。于是造碉运动便在涪陵、武隆、南川、丰都、巴县等县蓬蓬勃勃地开展起来。从收集的资料和现场调研看，当局是设有统一建筑上的设计指导原则的。因此，老百姓就各显神通，根据自己的理解、财力、文化等条件来营造碉楼，无形中便创造了各式各样的用于设防的建筑体。这是非常了不起的区域乡土建筑潮。一种群众空间智慧区域集中发挥，一抹中国乡土建筑的浓墨重彩，就这样传承下来。

孙家碉楼在形似上房的两端，有机地建造两个小碉楼与主宅融会一体，形成了碉楼民居中别开生面的一例。虽然大多数建造时间大大晚于清中晚期，即非白莲教起义时，但一种民俗的代代传习是绵延不断的。

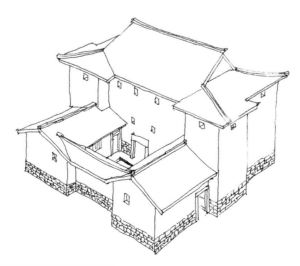

/⋀ 涪陵巫家坡孙家碉楼透视

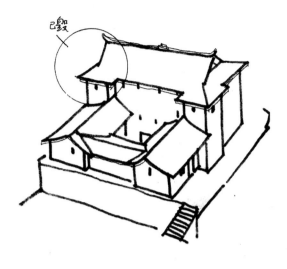

∧∧ 涪陵巫家坡孙宅碉楼复原图

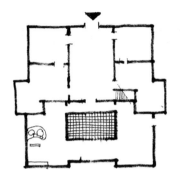

∧∧ 涪陵巫家坡孙宅碉楼一层平面示意图

∧∧ 涪陵巫家坡孙宅碉楼速写

山坳里的孤独碉楼

——涪陵三合代宅

　　它跟四川农村所有的散户一样，孤独、清寂地守着它的田园，如果住得太偏僻，就有安全问题，因此建一个碉楼在住宅一角，以防不测。宅主生存得战战兢兢。建筑能传达一种情感，一种忧累，一种企望，是得天时、地利、人和之福，于是它有了生命基因，有了专门的位置，有了和主宅顾盼的高度，更有了守护、相互依存。乡土建筑的命脉在情，它能栖息思想，寄托思恋，缠绕记忆，魂牵梦绕。最了不起的是，它本身就是一部深刻的历史。

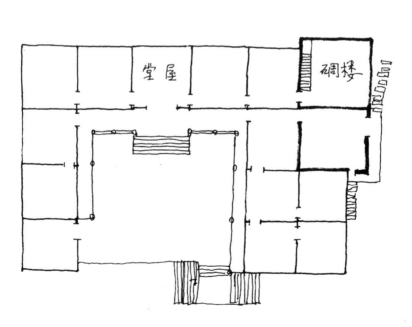

代园宾碉楼设在住宅左后角跟涪陵、武隆、奉川、巴县、山区安置男之地的碉楼位置大多一致，说明此物不乱摆其观察射击均全方位其堂梯道住置均有讲究下面各房间开门如有与防御枢或系统开之见一致

△ 涪陵三合代宅平面示意图

/∧ 涪陵三合代宅透视

后建碉楼韵味长

——涪陵新妙某宅

　　有些碉楼不是事先就和主宅同时兴建的，而是后来加建的。原因明显有上面统一部署，或者其他原因。当然，清中叶川东白莲教起义是主要事因。而川南碉楼较多则主要是与云南昭通李蓝起义和太平天国石达开过境有关。所以，区区小碉，蕴含了深刻的社会变革动向。此碉楼有可能是主宅建成之后修建的。因为上述农民战争之前川中已经存在大量民居，理应没有用于设防性的建筑，既然朝廷有命令，那就不得不建了。此碉从位置上看虽离上房较近，但如果不是右厢房一坡加长的瓦面和碉楼呼应，碉楼就显得有些孤立。有可能那坡瓦面就是后来延伸以完善碉楼和主宅整体关系而为的。

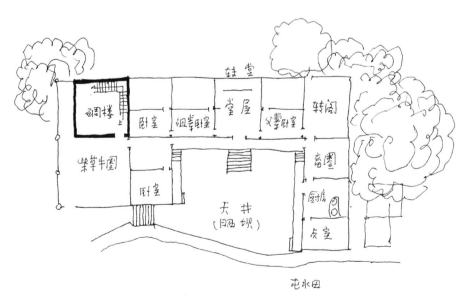

/八\ 涪陵新妙某宅平面示意图

/◣ 涪陵新妙某宅

教室碉楼融一体

——涪陵明家某学校

　　这里似乎曾经是一户人家，但留下屋前太大的晒庄稼的地坝，似不合占地的情理。那么是不是两家人呢？或者生产队的集体用房呢？最后，改革开放后才用来做小学校，那地坝作为操场则大小恰合适。夯土用于各种功能的建筑，在福建、广东、江西交界山区的客家土楼或民居中，是经常发生的事，在有类似条件的四川、重庆诚然也可能发生。

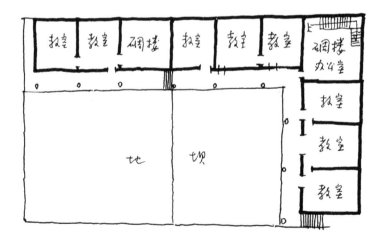

/Λ 涪陵明家某学校平面示意图

/Λ 涪陵明家某学校透视

碉楼里面装些啥

——涪陵青羊陈宅

　　我走进一层一层的碉楼内部。这一家共三层，有9平方米的各层木楼板空间，楼梁搁在夯土墙上，光线并不幽暗，门窗、枪眼均可采光，顶层对角外墙还挑出一个有栏杆的挑廊，廊底用的青石板，以防下面有人用枪弹击穿。工程绝不马虎，细节做得扎实。

　　现在，顶层摆了一张八仙桌，光线、视野、气氛最佳，小孩做作业，大人打牌，妇女做针线最宁静。二层靠墙一圈摆了若干各式各样的陶、瓷坛罐，均装了粮食或蔬菜的种子，其中有四五个清代青花瓷坛和帽筒。我的反复观察引起宅主注意，宅主主动说可以买梯锅来换。可惜我没有这样，主要是不易运输。宅主说这些东西都是土改时期的胜利果实。他们是贫农，同时也分得这碉楼。

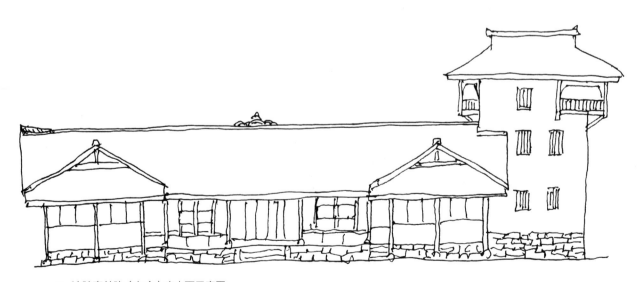

/凡 涪陵青羊陈（友余）宅立面示意图

据说陈宅建于1874年，为什么非要那时建带碉楼的房子？涪陵辛因老川东白莲教农民起义后的余绪还在。估计到还在鼓励建碉筑"垒"虽然起义已经被镇压下去了70年，你的建筑也就固袭了尚制起居民习俗。

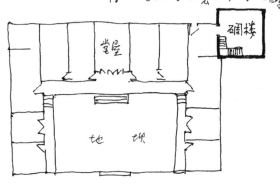

/⋀ 涪陵青羊陈宅平面示意图

堂屋

碉楼

地坝

涪陵青羊陈宅碉楼透视

庭院典雅好小康

——涪陵镇安黄家湾文宅

　　一个温馨的庭院，有传统格局的祖堂，有大小得体的花园，花园旁边有书房，还有一道浅浅的檐廊。这是一个中等富裕人家的小康天堂。然而，不知何时在上房的次梢间背后建了一个五层的碉楼，又不敢建在堂屋的正背后，很尴尬、很勉强，宅主匆忙地选了这样一个位置。显然，这里面有言不由衷的隐情。是什么呢？川东山区在20世纪上半叶，基本上是民不聊生，匪窜猖狂。有点儿田亩钱财的人家肯定是围猎对象，如何是好？只有筑堡自保。宅主应仓促之中选了这块不伦不类的地，和主宅的肌理性一点儿没有，所以，我判断它是后来加建的，建造时间也正是涪陵山区大多数碉楼的始建时间。不过，此碉和主宅之间做了一个过渡的楼道是一大特色，这也是其他住宅碉楼不多见的。

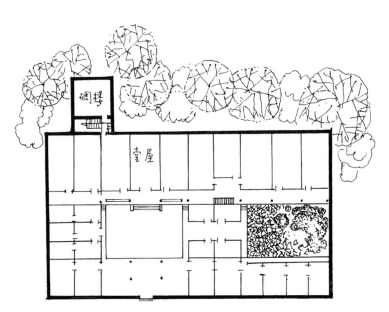

涪陵镇安黄家湾文宅平面示意图

/⋀ 涪陵镇安黄家湾文宅内庭

/⋀ 涪陵镇安黄家湾文宅部分透视

杨家泥碉加望楼

——巴县木洞白岩村杨宅

从木洞搭"摩的"到白岩村，来回花了 50 元，在当时是很高的价钱。但天助我在碉楼内的牛圈中，捡到一个清代的青花瓷坛，虽然沾满了牛粪，也只花了三块钱的作业本钱，叫一个小姑娘送到了等我的"摩的"师傅手中。此行一生值得，留下了花瓷坛和碉楼双重记忆。而碉楼之绝又是一个有汉代风格的罕见品种，那就是瓦顶上再加建了一个小望楼。众所周知，在碉楼内部四面观察往往要来回跑动，全方位把握敌情要多费时间。而加建一个望楼后，人不动就能看见四周敌情。此类碉楼，目前在川内还有一个例在高县清潭乡。

/Λ 巴县木洞白岩村杨宅碉楼透视

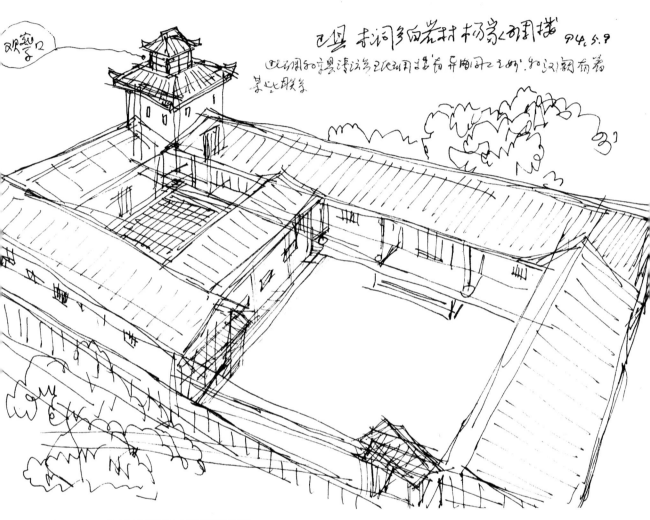

观察口

巴县 木洞乡白岩村杨宅碉楼 '74.5.9
此碉楼和京县诸法等民碉楼是其有异曲同工之妙，和汉阙有着某些联系

/\\ 巴县木洞白岩村杨宅碉楼院落透视

文武配置人生梦

——达州景市柏宅

　　柏飞雄宅有石砌七层碉楼，自然是以武诉诸防御。旁边有天然土堆，形同印台"盒"，是文房四宝中的墨具，寓意以文治家的儒风。这样柏氏家族文武载道，正体现了中国士人思想对住宅文化的影响。此为大处着眼，进而，堂屋设在"文"的庭院，以倡文风理想，而戏楼与碉楼打打杀杀之娱乐、设防设在"武"的庭院一方。文武之界，昭然天下，明白无误地告诉世人柏家的行事原则。再往下走，每个房间开门居中，至为罕见，也隐喻文武平衡，中庸治家，不偏不倚的做人风范。这是湖南永州移民后裔，原乡住宅就有此般做法，今移民四川，恋乡情结仍在发酵，反映在建筑上最为典型。柏家以造纸为业，后在山区建宅，是当时名噪一时的大宅，可见大巴山区经济是艰难的。

／Λ 达州景市柏宅写生草图

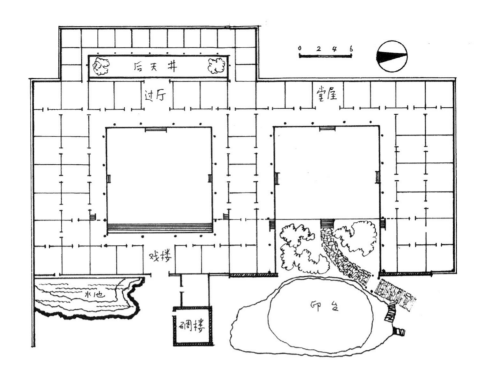

后天井

过厅   堂屋

0 2 4 6

戏楼

水池

碉楼

卟台

︿ 达州景市柏宅平面示意图

︿ 达州景市柏宅透视

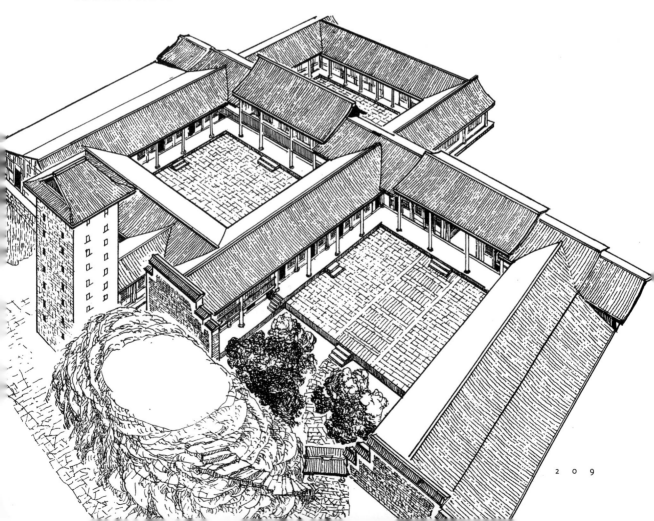

碉楼外包一圈廊

——合江顺江李宅

清末民初时，合江县临贵州山区一带匪情严重，民居素有附建碉楼设防的习惯。李家碉楼与众不同之处在于除有机地把碉楼纳入住宅右端梢间之外，还在里面底层形成一圈隐蔽的回廊式过道，并把门开在过道的尽端。又由于一层不开窗和枪眼，回廊漆黑神秘，让人进去摸不着头脑。这正是宅主要制造的自我安慰的防御气氛。民间乡土建筑最宝贵的就是创造，虽不是惊天动地的巨制，但它很动人，很富于情感。

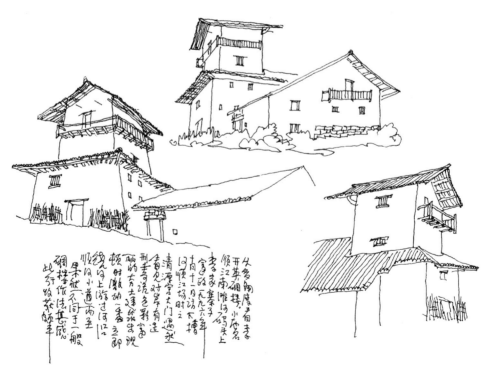

/八 合江顺江李宅多角度碉楼透视三例

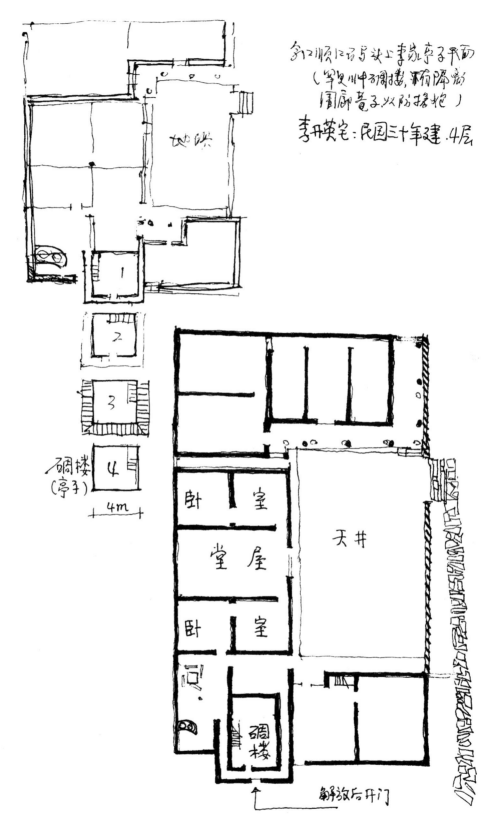

合江顺江下马李家亭子平面
（军队川中形调掉，所有降新
围廊竜子以防搂把）

李开焕宅：民国三十年建．4层

地铁

1

2

3

碉楼
（亭子） 4

⊢ 4m ⊣

卧 室

堂 屋

卧 室

碉楼

天 井

解放后开门

/八 合江顺江李宅平面示意图

庄园中心立高碉

——宜宾横江朱宅

　　朱家碉楼建在庭院中部，又和所有住宅形成角度，不仅相距半径相等，又设计了观察、射击更多、更宽的攻击面。碉楼脱离建筑，单独立于最佳位置，拔高了俯视监控高度，是碉楼最能发挥防御作用的选址。尤其是对碉楼近处及下部死角的防御设计，采用第三层四壁开孔作投弹、短枪射击、观察用，则全方位解决了防御问题。另外，碉楼共五层，下三层石砌，层高3.3米，上二层层高3米，砖砌。整体高近20米，于第四层外挑出回廊，并覆盖小青瓦。

　　横江地处川、滇两省交界处，也是历史上兵匪、走私、烟毒等恶行交替上演的地方。有钱人家为防抢劫，多在住宅旁建碉楼，但空间与结构多与住宅共生，不单独立碉楼于宅外。若是庄园，或多建碉楼于四角，以防射击死角出现，像朱家碉楼只立一个于庄园之中心者，在四川仅为孤例，所以，价值就不同一般，尤值得加以保护。

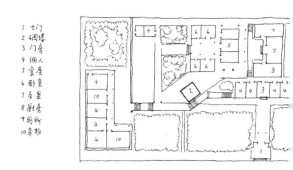

1 大门
2 碉楼
3 门房
4 佣人
5 堂屋
6 卧室
7 客室
8 厨房
9 厕所
10 杂物

宜宾横江朱家碉楼平面示意图

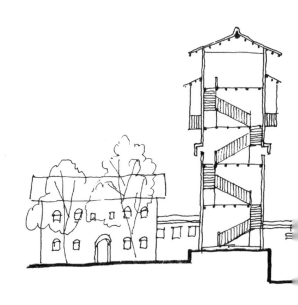

宜宾横江朱家碉楼剖面示意图

宜宾县横江镇朱家花园，上世纪六十年代末
切肤之感。后丰华与土建筑研究又极佳，
发现其调确为惟一。

时在宜宾之作，时去观临发商
川内碉
楼百例之巨，此殊之甲
宏阳二〇二三又漠写

/\\ 宜宾横江朱家碉楼透视

碉楼围护小康

——江津三合穆宅

碉楼防匪防盗，似乎天经地义，本质却是维护生存的最起码条件。然而平面图上可以反映出来吗？穆家碉楼周围几乎围了一圈，除主宅外，有地坝、废弃的老地坝、天井花园……这是一个农人追求有限小康的图式，布置得非常合理而富于生活情调，没有一丝奢侈，朴实中透露出谨慎，紧凑中不乏疏朗。空间开开合合，最后进入碉楼，门中有门，又归于神秘和小心。这就是中国西部的贫困山区一个历史上不得已而为之的生存图。在现实中挣扎得比较洒脱的一户农家，看上去很美。

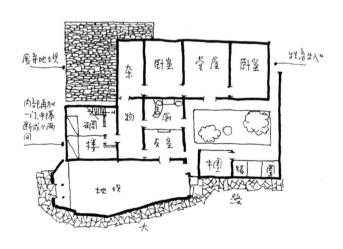

/⋀ 江津三合穆宅平面示意图

江津三合中山场两河口穆家碉楼建于民国原年，为五层，怕垮去掉顶上二层，今剩三层，夯土结构，碉室殿顶开枪眼，同时又开窗，内部底层进门的后还有一道结构粗壮的铁闪门，深感防卫严密，外墙均涂炭发，今脱落，踪迹致富的二○○四年通月同街有至庄口点庆公司考报路惊叹

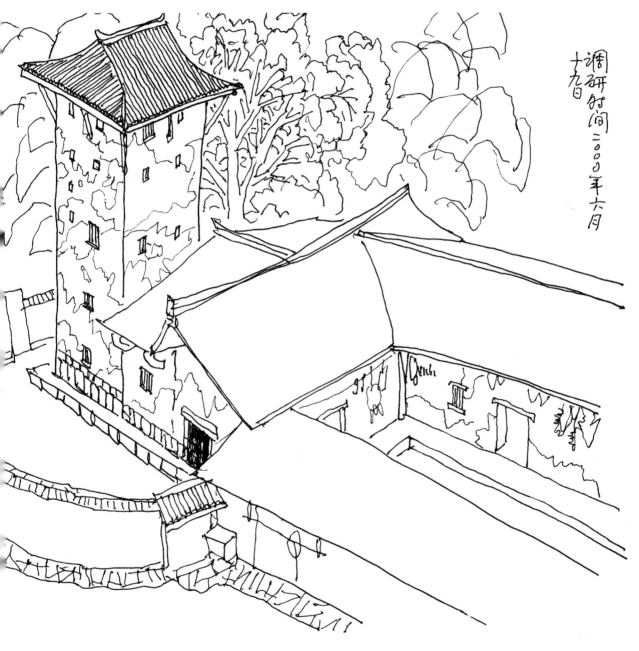

调研时间二〇〇〇年六月十九日

∧ 江津三合穆宅（老碉楼原状）透视图

碉楼民居中的孤例

——宜宾李场顽伯山居

四川民居大型宅院之美，在于在不违背传统仪教的前提下，尽可能地变通、灵活处置；塞进更多的内容而又理由充分。顽伯山居宅主邓姓，客家移民后裔，宅约建造于清中叶。在传统、森严的四合院大格局布置中，宅主不仅完善了防御功能的碉楼构造，并在"武功能"上做文章。

他移动左后侧的碉楼向内约两丈（约6.7米），把塔、楼、阁的密檐结构和其相揉相谐，创造了一个建筑史中不多见的稀奇风物。于是，一个防御体系严密的碉楼住宅变得亲善起来。大有儒将遗风。虽然栅子门槛与其他3个碉楼虎视眈眈，然而制高点上的碉楼在视觉上居于突出地位，其文风荡漾模样一下就会扫去你的恐怖心理。如果再看大门旁的楹联：右是"德门瑞雪书香远"，左是"兰砌春深雨露多"，原来是一个文人或崇尚文明的人家作为，那么任何畏惧情绪都随之消失了。这也许是邓宅的一种战术，不过住宅不是用来打仗的，似乎又有不得已为而为之的意思。

宜宾是客家移民集中区域，把碉楼叫作印子。沿袭着原祖籍地的好建碉楼的风尚，虽到四川200多年，碉楼住宅形貌亦受到中原文化影响，然其固有特质仍时时散发出南国的清香。

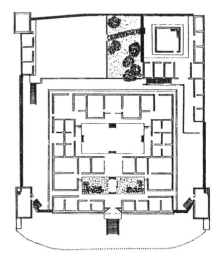

/八 宜宾李场顽伯山居平面示意图

∧ 宜宾李场顽伯山居透视

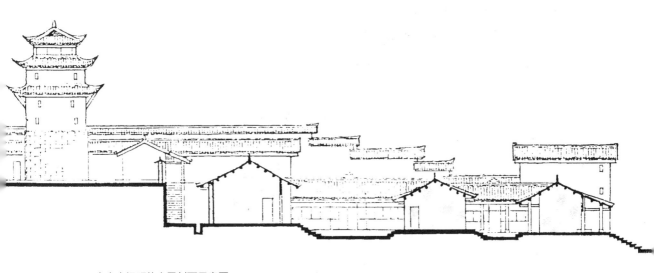

∧ 宜宾李场顽伯山居剖面示意图

高县清潭乡天星桥王氏家族三宅综述

清潭乡古为夜郎国地,西靠云南省水富县^①界,王氏为本地望族、祖籍为土著或移民不可考。据本地乡亲言,最早修建的住宅为鱼池湾上面的老房子,于此选址原因是宅后有豆子山,山形貌似菩萨帽子,是星宿下凡之状,又地形若官轿形,寓意后人必发、必当官。大约清代中期,王氏已拥有良田肥土 1000 余亩,时已成为当地首富,他全面审视地形地貌之后,觉得这一带山形奇绝,又处于山顶之势,不仅进可攻、退可守,还为后续建宅耕种、长期经营留下发展余地,是一个固守田园、居高临下、高瞻远瞩之地。个中所谓长期固守就包括预见今后分家建宅,甚至祖坟阴宅的用地等都一并加以考虑。果然,若干年后,直到清末,宅中人便因分家,陆续在老房子左不远山头,下面不远地坪各建了一栋形貌卓异、攻守自如的大型庭院。是时已构成三大据点,老房子、一把伞、黑风岭。三点成犄角之貌的三角形,明眼人一看,就知道是一个全攻全守的家族设防体系,是一个可以相互支援,又能独立作战的碉楼民居范式。特别流传于川、滇交界一带的口碑是王家祖先坟地恰处在三宅围合半径之中,不仅清楚表明维护祖先坟地之意,更显示出孝道的虔诚。这在当时是很不得了的举动了,在全国恐怕也数不出二例。

1992 年 7 月中旬,高县建设局局长亲自陪同进行王氏家族现场住宅考察,怕山高路远吃不上饭,还自带南瓜、青菜上山。于此借机致谢,也是田野工作的愉快。同时我们还拜谒了庆符的李硕勋故居和罗场阳翰笙故居。据坊间流传,王氏家族正是李硕勋祖母娘家。

/∧ 高县清潭乡天星桥王氏家族三宅选址示意图

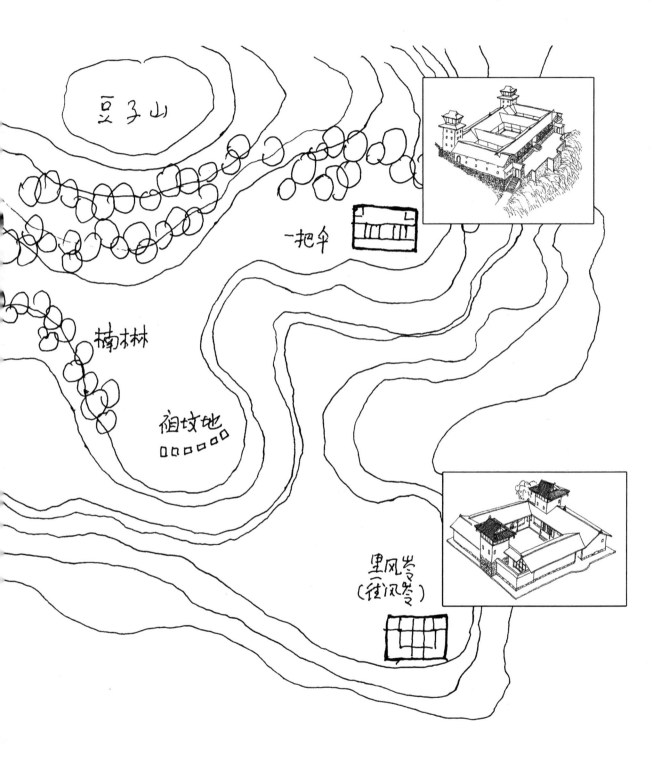

豆子山

一把伞

楠林

祖坟地

里风岑
（往风岑）

设防生活皆畅达

——高县清潭乡王氏老房子（王氏家族住宅系列一）

　　王氏家族修建最早的住宅，是位于鱼池湾上面的老房子，约建于清代中期。老宅是一个全条石围合的四合院，特色是有内向通廊和围墙内通道。廊道明显成因于防御。然后是歇山顶的碉楼，碉楼底层内再砌了一堵石墙以加强隐蔽性。再者是大朝门做得很高大，也全石叠砌。这样的全石围砌设防，除石材就地开塘口方便之外，核心自然是财富对于匪盗的诱惑，主人对财富的保护，因此，围合得严密结实，并有系统的设防流程，如外墙设防，最后退至碉楼设防。无论怎样，宅主还是忘不了住宅内部空间的舒适性的生活享受，所以木构体系房间做得很宽大。比如堂屋开间一丈六尺八寸（5.6米），次间一丈二尺六寸（4.2米）均是清代四川民居少见的尺度。这里是否有借鉴当地明代民居的尺度，值得探讨，因为"张献忠剿四川"并未打到川、滇边界，而四川明代民居民间多这样的尺寸，想来那些山区还保留着明代民居，或造成建房尺度影响。

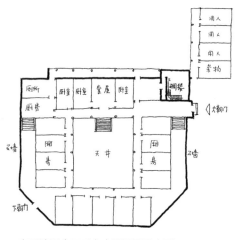

/▲\ 高县清潭乡王氏老房子平面示意图

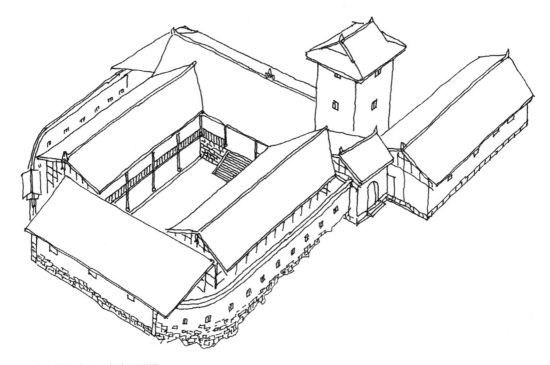

/ᐠᐠ 高县清潭乡王氏老房子透视

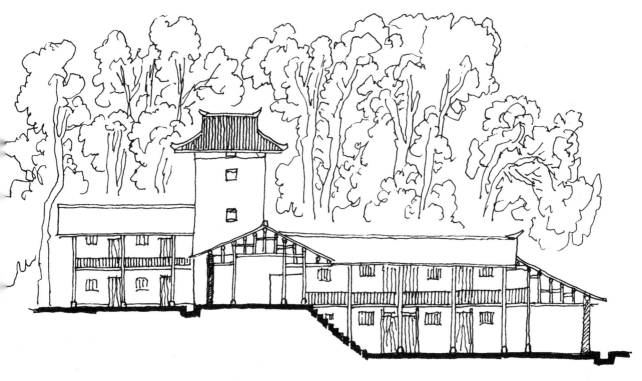

/ᐠᐠ 高县清潭乡王氏老房子剖面示意图

一把伞外有隐碉

——高县清潭乡王氏一把伞（王氏家族住宅系列二）

本地人给此庭院取了"一把伞"的名字，起因在院后左右角碉楼顶端的形状。今人有所不知，过去油纸伞收起之后，伞头之貌恰如碉楼顶端外形，碉楼故得此名。尤其是小阁楼四角加了一根斜撑，更是加强了伞的神似韵味。严格说来，此不算特别之处，川中碉楼不乏同质者。但庭院下房两端各一隐碉，则是笔者第二次发现：一是仁寿文宫乡江家湾的冯氏大院，二便是此宅。这说明清代设防于庭院，形态多多，如四角四碉是明碉，再把四碉用隐廊穿起来，很可能就是土楼，如涪陵明家乡瞿九畴宅。上述关键词是"隐"字。"隐"的外貌便是平常、平淡，甚至平庸，看不出特别之处，貌不惊人，但包藏"祸心"。王宅一把伞的凶险之处，便是隐藏的碉楼，其实碉楼无楼，只是个夹层，甚至两厢外墙均有设防功能，等于是庭院四周围合了一圈石砌墙。若再加上整宅置于高台之上，宅后碉楼下还有退走后山的梯道，真是进、守、退的设防全套考虑得分外周全。

然而此仅是外部观感，而内部，由于对称空间关系，整个回廊宽展流畅，高朗造成通廊无障碍系统，从天井中心辐射四角，均构成等距离设防半径，是很科学的整体设防要素组合。虚虚实实一统，里里外外一体，尤可见前人空间思维的严密。

∧⋀ 高县清潭乡王氏"一把伞"透视图

∧⋀ 高县清潭乡王氏"一把伞"剖面示意图

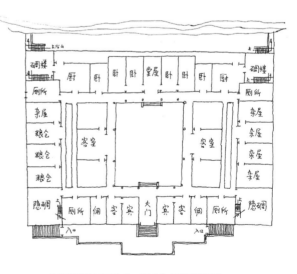

∧⋀ 高县清潭乡王氏"一把伞"平面示意图

山岭其实有闲风

——高县清潭乡王氏黑风岭（王氏家族住宅系列三）

黑风岭或德风岭作为地名，同时又是碉楼住宅的名字。二者同化为一体一名，在中国也是多见的。故凡称黑风岭者，多指碉楼住宅了。但为什么有两个名字，乡亲言两者是一回事。此宅特色在于有了休闲空间：简单的对角小花园，碉楼顶层为木结构外墙，四面有可开关的窗门，可以打开，在防御之余观览风景、喝茶、聊天儿、小聚会。综观而论：设防的背景在弱化，社会在趋同清静。加之选址于上二宅等高线之下，设防根本还得仰仗处于更高位置的老房子和一把伞。尤其是一把伞主宅的火力配置最为强大，全可把黑风岭纳于火力控制之内。所谓王氏三宅成掎角之势，是相互控制、支援的设防体系。大山野岭，两省交界处，面对清末民初社会动乱无序的时局，于此不自保，又该何去何从？善哉，我们的民间，我们的百姓。

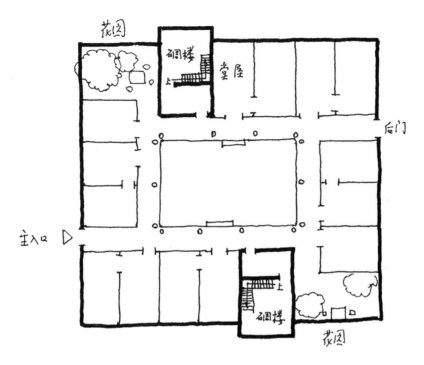

碉楼

堂屋

花园

后门

主入口

碉楼

花园

∧∧ 高县清潭乡王氏黑风岭平面示意图

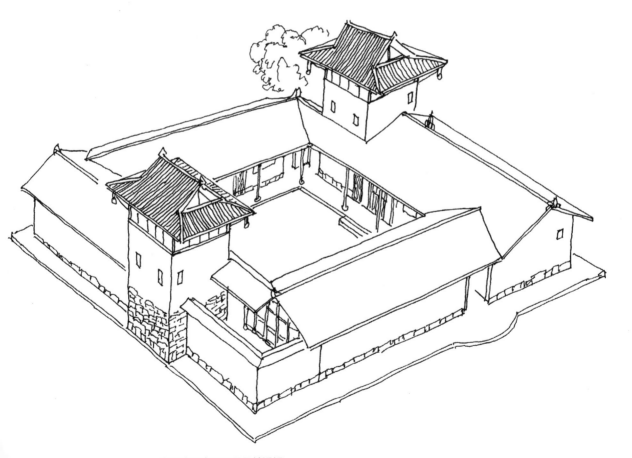

∧∧ 高县清潭乡王氏黑风岭透视

名人故居

　　中国近现代历史中，出现大批四川籍名人，不少青少年时期或成名后都是在家乡度过。他们的故居生成什么模样？对成名有没有一些潜在的影响？是不是有不同于其他民居的地方？关于诸如此类的一些认识，可以参阅拙作《名人故居文化构想》一文。它的肤浅之处在于是调查报告，但也许读者还是觉得新鲜，思考过分反成假老练，无话找话说。

小平故居淡如水

——广安协兴邓小平故居

　　邓小平故居是一个由上房、左厢房、右厢房三列共同组成的三合院，三列之成用了几十年时间。右厢房为曾祖父建，共三间，邓小平诞生于左次间，三间皆夯土结构。上房为祖父所建，穿斗全木结构，用料简薄、一般，估计木竹就地取材。最后建左厢房是在其父手上，一排三间。改夹层二层，小平的书房就在上面。另外，上房左右尽间，左为粉房，右为厨房。整体空间功能明确。

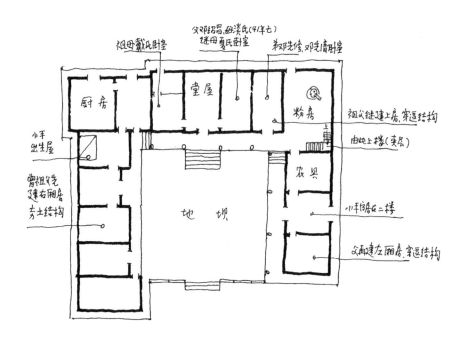

/ĸ 邓小平故居平面示意图

/l\ 邓小平故居透视

其中仅上房、左厢房带檐廊，最早的右厢房没有檐廊。尤其是用材上五花八门，右厢房土泥夯筑，上房、左厢房简单穿斗木构。三列共组合院，虽言三合院，实则为不规则不完整的三合院。原因很简单，邓氏家庭不过财力平平一户川中农家而已。亲切、实在、不夸张、平淡便是此宅特点。否则，可以一气呵成，何需花几十年时间呢？

夯土小屋特高大

——开州区赵家刘伯承故居

刘伯承故居令人感叹和惊奇的是它的选址，其位置在开州区赵家场华山乡周都村沈家湾的兆鹿山腰。这里视野极为开阔，站在三合院外，就能面对层峦叠嶂、气势磅礴的远山近岫。这是一幅下川东山区深远广大可纵横展开和联想的宏大景观，是造就博大、海量、气吞山河的大自然独特环境。所以，当我们回过头看刘帅夯土故居的清贫、简约时，感觉造就伟人的环境往往是一个涉及方方面面的大概念，其中大自然是不可忽略的。而故居这种人文形态相糅其中，则更加彰显了大自然无所不能的包容性，而不在它贫穷、单调这样的经济概念。若人于其中成长熏陶，长年感受的是大地、天空、人间这样的宏阔气场，久而久之则塑造出一种刚毅、大忍、悲悯的个性，以及就像土墙老宅什么装饰都没有的坦荡、干净。若全木结构又装饰繁多，披金敷彩，可以想见里面培养出来的孩子是何等烦躁而猥琐。不是吗？又有哪一位真正的大家是出自这样的环境呢？所以，你会感觉刘伯承家的小土屋特别特别高大。另外，小土屋内部每一个房间都可串通，檐廊宽大，大地坝设碾盘加工粮食，这些都是农舍的特点。

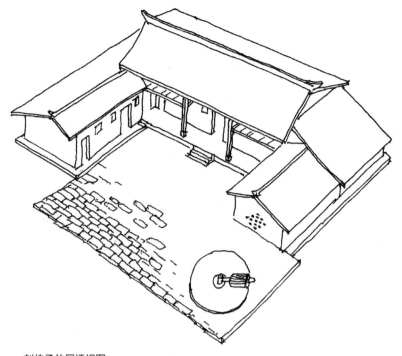

/\ 刘伯承故居透视图

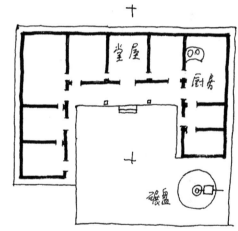

/\ 刘伯承故居平面示意图

/\ 刘伯承故居剖面示意图

景况温馨农家宅

——乐至薛婆陈毅故居

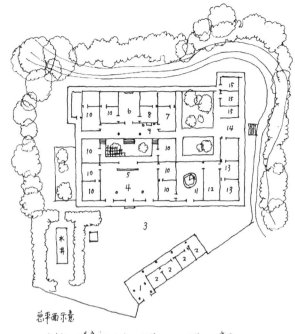

总平面示意

1 大门 2 仓房 3 地坝 4 前厅 5 照壁 6 堂屋
7 陈毅少年居室 8 祖母居室 9 读书小桌 10 卧室
11 碾房 12 吃饭屋 13 灶房 14 过廊 15 猪圈

/\ 陈毅故居总平面示意图

四川农村民居发展到高度成熟阶段，便是空间划分上出现条理清楚、事事周到、自力更生、"万事不求人"的小农温馨境界；有厅堂，有三辈人合理的伦理空间分配，尤其把生活、生产空间用花园分开，把诸如饲养、厨房、碾房之类易产生污染的空间组合在一起。仅凭此状，我们大可言宅主行事思维具有明晰性和逻辑性，以物观人，由此及彼，全可推测建筑对人的成长的影响。一切井井有条之中还可再观绿化于住宅内外地的烘托。过去这在农村住宅中是不多的。本来庭院面积就不大，外围绿化已经很好，但宅主还是划出一定面积土地栽花种草，说有闲情逸致可，说热爱大自然可，非一般农人之家也。

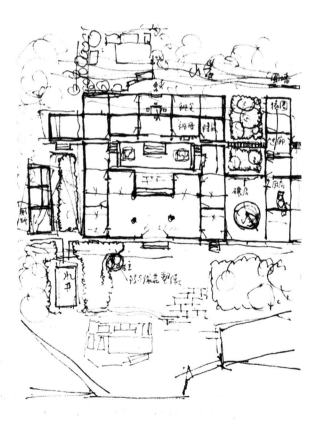

/\ 1992 年陈毅故居考察手稿

陈毅故居透视图

八 陈毅故居透视图

八　陈毅故居透视图

山顶浓雾藏土屋

——合江鹿角李大章故居

日记摘抄

1993 年 11 月 27 日　阴　浓雾　泸县小市—合江鹿角

晨起，因去鹿角的船要 12 点才开，我欲利用上午纳溪一瞥，殊知中途堵车，怕耽搁船期，中途下车，打道回泸县。11 点从码头转而去东站。果然，有去合江的车要路过白沙、鹿角。下午 2 点半到鹿角，吃中饭时，我们巧遇木材调运站长谢同志，他对名人、历史、地理有兴趣，并邀本单位数名职工同行，浩浩荡荡直奔李大章故居处。

李大章故居距鹿角场约 3 公里，但全是爬山路。山是傍长江北岸的一大斜坡，大家累得大汗淋漓。还幸得谢站长有一朋友，系与李大章有点儿亲缘关系，姓伍的农民带路，一路方才十分顺利。此农民读书不多，但有良好智商，知之颇多，若给予机会，是有所作为的。

李大章故居地名：鹿角乡三村，老名葫芦汇。故居选址在一近山顶的埝子上，系一土墙（夯土）四合头瓦房，仅存基脚和建筑残余部分。但选址无疑和川内其他大人物的故居选址有共同之处，诸如地势高燥，视野辽远，有浓厚的风水相地之迹。比如，对景朝案，前有水流、江河。在四川清代还有坐东朝西的普遍现象，即常为人诟病的当西晒，为什么反其风水坐北朝南而行，李宅也坐东朝西？这说明了什么？我辗转反侧思考下来，似乎有如下诸点：一是面对长江，有宽阔视野，利于舒展胸怀。迷茫之处，易引起少年之想象，对培养思维、弄清依稀不清有作用。二是四川雾多，往往下午才出太阳，偏西朝向利于日照。三是下午近傍晚时，夕阳、落霞、晚炊、收获、地坝、龙门阵等诸多农村自然风景与人文风情融为一体，酵发出浓郁的乡土情调。这里首先仍是阳光。

现李大章故居的夯土合院，乃在原基础上重建，格局大致相同。有老者指认李大章出生屋。可惜自早晨至下午，浓雾一直不散，我拍了好几张照片，效果令人担忧。

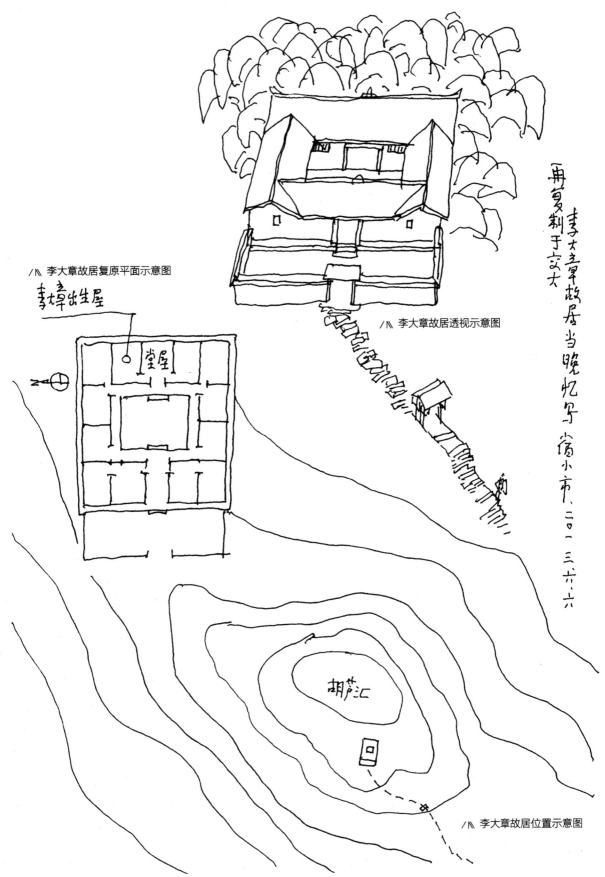

再复制于安大

李大章故居当晚忆写 偏小市 二〇一三·六·六

李大章故居透视示意图

李大章故居复原平面示意图

李樟出生屋

堂屋

胡芦汇

李大章故居位置示意图

巴山木屋好环境

——达州罗江张爱萍故居

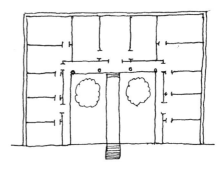

∧∧ 张爱萍故居平面示意图

日记摘抄

1993 年 6 月 1 日　晴

下午 2 点 15 分访罗江镇高石村四社（张家沟）张爱萍故居：村民言，原来只有大房子（正房），张爱萍走后逐渐修的厢房，原有两道朝门，后垮塌。

张爱萍故居为我做名人故居访问以来遇到的最为完整之住宅，高朗挺脱，群山环绕，案山有黄葛树一棵，共发了 8 个丫杈，民间传说很多。天井仅剩一株桂花树，传张将军亲手栽，粗壮苍老……

达县[①]山区和川东山区一样，农舍尺度比富庶的川西的大一些，是生活理念的差别。笔者一共访问过三次张故居，发现每次都有变化，最后一次看到高速公路从故居与黄葛树间穿过，完整的故居环境遭到破坏。客观事实是，张宅选址上明显具有风水要素。故居文化是和环境在一起的整体概念，不仅仅是房子理应得到全面保护。

大巴山一带的民居几乎家家必做檐廊或骑楼，是米仓山、大巴山西麓特有的民居现象，非常优美的空间民俗，哪怕只有一个开间也要做。但现在这一做法即将全面消失，张宅檐廊宽大、空透，是本地典型，正是这种空间民俗的代表，尤显得特别珍贵。

---

① 今四川省达州市达川区。——编者注

张爱萍故居依弯
傍田，正对黄葛树之
朝窒。

/⋀ 张爱萍故居透视图

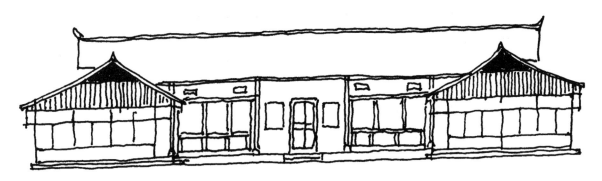

/⋀ 张爱萍故居正立面示意图

大师演绎自小舍

——高县罗场阳翰笙故居

我国著名的剧作家阳翰笙先生出生于高县罗场，想不到先生故居已是一摊黄土，早已拆除消失。我问老者原来住宅情况，众乡亲除对阳老一往情深之外，纷纷回顾记忆中的故居面貌：首先是一个小三合院，小青瓦、木结构、"屋角角有个土碉楼"，就这么简单。这里我们又回到为什么"鸡窝里飞出金凤凰"的命题来。这题本与住宅无关，但与住宅的平淡与豪华有关。四川成气候的名人中多是农村里平淡房舍中走出去的平凡人，包括邓小平在内。虽然不是至理，但改变现状，勇于担当，进而走上成才之路恐怕也与青少年耳濡目染的居住状态相关。

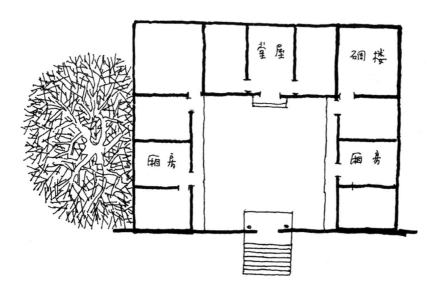

/个\ 阳翰笙故居平面访谈复原示意图

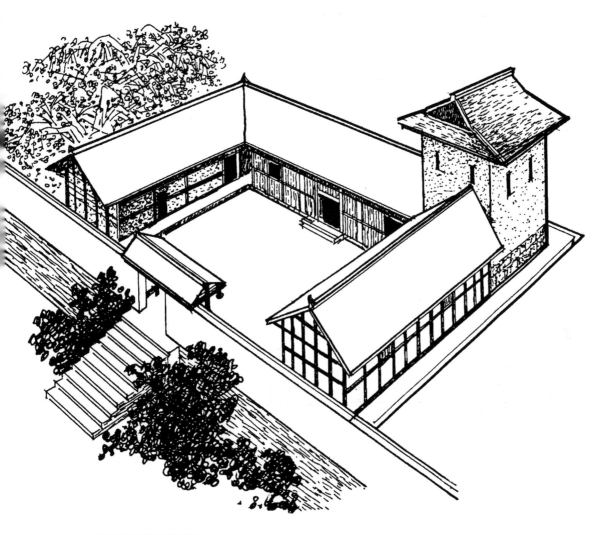

/Λ 阳翰笙故居复原图透视

杨家老宅剩小半

——广安龙台红旺村杨森宅

日记摘抄

1993年7月12日

今日路线：渠县—漩渡—肖溪—龙台—杨森故居。下午五点半抵龙台镇，拍街道照片一二。立即去红旺村杨森故居，4公里，怕太阳落山，急奔。回龙台天已黑尽，随便选一乡村客栈宿下。

故居选址：红旺村朝阳坪。对景：插旗山、打鼓山，山上有一棵黄葛树。

有一正一厢"厂"形老宅尚存，带有檐廊。穿斗木结构，五成新，较硬朗。上房，一排5间，尽间较宽大做厨房，厢房3间，右厢房已拆。

老人言：厢房外两头原有碉楼各一座，右厢房外有花园、荷花池。前地坝青石板铺地。半圆形，左侧有水井一口。大门居中，有瓦顶，估计是垂花门。

建筑年代老人们都答不出，从留下部分尺寸较低矮来看，估计是清中叶修建的。后于正房左后角加建二层小楼。

乡人一致认为杨森的侄女、烈士杨汉秀也出生于此宅，但都说不清楚具体是哪一间。

/八 杨森故居复原示意图

大隐于市是名将

——成都王家坝街尹昌衡故居

四川辛亥革命名将尹昌衡在成都的故居，1993年，在笔者调研成都民居时，因其有一漂亮别致的小街楼而被发现。当时笔者并不知道它是尹将军故居，只以为彭州才是他的唯一故居之地，还在其出生地的房子里拍了几张照片。由此，使人想起"大隐于市"这句话。

王家坝街四号老宅理应是20世纪二三十年代的建筑，有中西合璧的住宅体貌，有当时流行的小姐楼，有青砖外墙。比起另外几幢稍晚一些的将军住宅，诸如李家钰、田颂尧、刘湘、刘文辉住宅的豪华来，他的差远了。所以尹昌衡没有发到财，是一个起家早了一点儿的穷将军。回过头来看内部，不规则的四合院，究竟哪一部分是属于尹家原始房产的，也还是个谜，因为上房风格反而是近代建筑特征，厢房、下房却是传统的穿斗木结构，这一空间秩序逆行的现象，很可能是城市膨胀、房主易人、住户增多后的加建，围合成所谓四合院的结果。当然，这些建筑现象都不要紧，要紧的是这里曾经居住过尹将军，尤其是最早的近代建筑部分，还有那八角攒尖的小姐楼，很可能是原生空间，而小姐楼成为当今大成都的唯一，仅凭此点，它就具有价值无限的排他性。

（另附：尹昌衡出生于彭县 ① 开平尹家巷，故居四周是葱绿田野，老屋就隐藏在中间的丛林之中。建筑为土木穿斗结构，建于同治三年[1864年]，规模较大，三道龙门，大门朝北，已被拆毁。尹家还在此办了一所学校，现仅剩6间房屋。1993年11月现场记录）

---

① 今四川省彭州市。——编者注

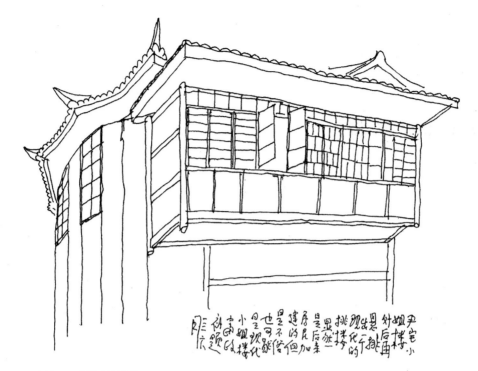

尹宅小姐楼，外面是挑楼，现代后加，挑楼是后来加建的，显然是现代建房的，是不可能的，也是现代小姐楼，是高而可的，胢庑。卵题。

∧∧ 尹昌衡故居后来搭建的挑楼

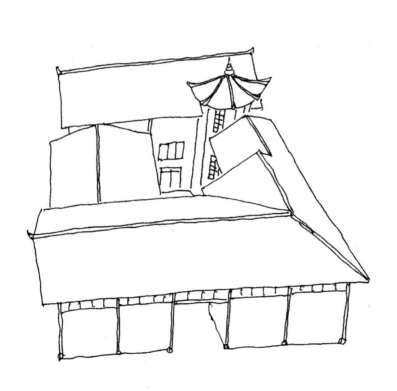

二十世纪九十年代中期跨自行车至王家坝街见一攒尖顶八角近代小姐楼于庭院，侧身出盾继肥上对面六层楼顶拍得照片。后进屋画平面，发现乃大宅陵已无法判断昔日之，才知此宅竟然是尹昌衡字之宅，但之前我所未去了彭州故居。但残破之状已无法拍照。

∧∧ 尹昌衡故居透视图

气象朴素丁家宅

——五通桥丁佑君故居

　　丁佑君是新中国成立之初在西昌征粮被土匪杀害的一名女英雄，五通桥人，父为盐商。所谓盐商，有大有小，从建筑上可以看出，丁家不过一个中等商家而已。三合院格局，带有檐廊，清水素雅的穿斗木结构，垂花门在地坪之下，三拐两弯才由厢房入正房。如此而已，空间气象朴实而典雅，气氛很难和女英雄联系起来。这就使人联想起四川大批名人豪杰之居，它们几乎都极平凡、极简约，包括国共两党领导人的故居。这是为什么？而且他们多数来自农村，这又是为什么？所以，能创伟业、做大事、惊天地泣鬼神的人，恐怕就在于平凡、平淡、平常。

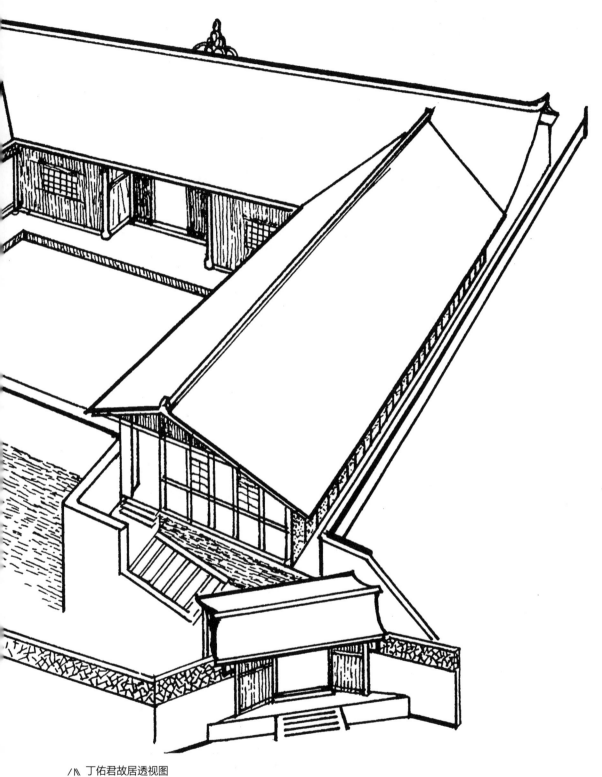

/∧ 丁佑君故居透视图

宅第庄园

汉代，下臣有功，皇帝赐予像样的住宅，或称第室或分甲乙等次第。当然，这些住宅都是大宅，上等房屋，也叫府第、门第、宅第。这里介绍的便是其中一些，也许有些走样了。

庄园是一个非常广泛的包括田园在内的概念，在这里我们把它缩减成"房子"，其实在汉代就这样了。当时的坞堡就极似庄园。如果庄园在山里或以山庄相称，田野间或叫田庄。庄园和大宅不同的是，至少在四川是这样，有完善的"万事不求人"的自给自足设施，比如手工作坊、学堂、宗教空间，休闲园林、花厅，甚至设防的碉楼、围墙、地道等。四川在全国恐算庄园最多的省份，原因在于历史上四川是一个没有自然聚落而只有散居的地方。散居都是单体，它如果要发展，那么其极致就是庄园而别无其他选择。因此，2000 年下来留下各式大大小小、内涵差异多多少少的庄园。这里介绍的仅沧海一粟。

寿字平面何处寻

——洪雅柳江曾宅

柳江曾宅，传为贵州巡抚、光绪皇帝生父醇亲王老师曾壁光的乡间住宅，乡称曾家大院。在笔者20世纪80年代前期考察时，它是柳江区公所办公地，已有部分木构处于严重破损状态。老者言旁边空地也有房子，故现状仅是大院部分，甚至还有一戏楼也被拆除。

曾宅是一个空间迷离、路径诡谲的神秘大院。按理此清末民初清官员不断完善的老宅，应该至少有一中轴，有祖堂这一基本的人伦仪轨可寻，但是整体没有，只有各组合单位不甚严格的轴线，而且轴线羞辱性地把戏楼奉为神圣，取代祖堂位置成为端点，尤其清巡抚一级的大员故居居然有4座戏楼（已拆除

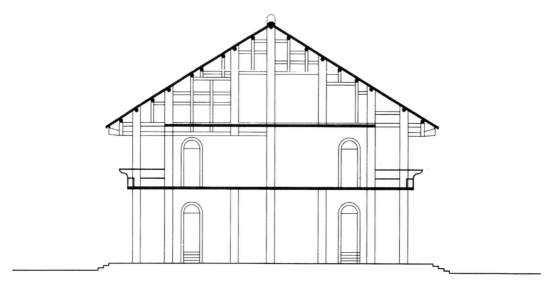

/⋀ 洪雅柳江曾宅议事楼横剖面示意图

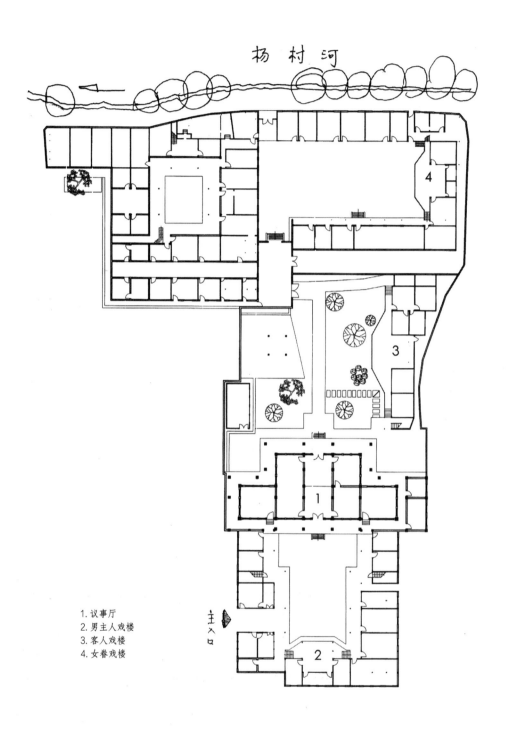

扬 村 河

4

3

1

1. 议事厅
2. 男主人戏楼
3. 客人戏楼
4. 女眷戏楼

主入口

2

∧ 洪雅柳江曾宅平面示意图

一座），一派声色犬马气象，一塌糊涂的建筑格局，一团乱麻似的道路网络，实在是让人有顿入迷宫之感，摸不着头脑。为什么会在那个时代出现如此迷乱的官员住宅现象？据说，此宅是按照"寿"字繁体笔画构建整座庭院的，而"寿"字的写法就有上百种，究竟用的什么"寿"字成为千古之谜。当然，清代四川用汉字笔画建房时有所闻，比如广元"多"字形街坊，成都平安里法国教堂"悚"字形平面均出于同一时期。从类型性上看，曾宅姑且不算为过，但是建了4座戏楼（台）则是闻所未闻的，成为全国唯一。笔者经访谈得知，男主人、女眷、客人、佣工四类人各有归属，不许混淆，各看各的戏，免得因剧情诱发难堪。既然看戏都分得如此分明，那么，各类人住宿小院则更加壁垒森严了。尤其相互间道路，或让人绕着走，或多门控制，或让人从房间中穿过，反正给外人进入造成迷茫，造成困惑，造成窘迫。其目的是摆个八阵图，力保家人安全。不过，笔者无论如何也察觉不出"寿"字笔画的有形存在。是否因为如此，干脆附会"寿"字，大家其乐融融收场也是可能的。

关键在如此一来，反倒造成一种罕见，丰富的庭院内部细节景观，河岸二层锯齿状系列休闲空间的新潮，戏楼划一半做卧室，谐"人生如戏"的幽默，民国议事楼与传统戏楼，通廊的互嘲与和谐，等等，均是不可能出现在纯正的传统庭院的。所以，此宅的价值就一反常态了，谜一样的空间则永远微笑并戏谑着人间。

/八 洪雅柳江曾宅客人戏楼立面示意图

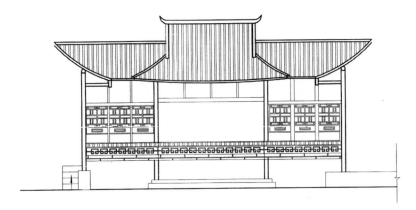

/∧∧ 洪雅柳江曾宅女眷戏楼立面示意图

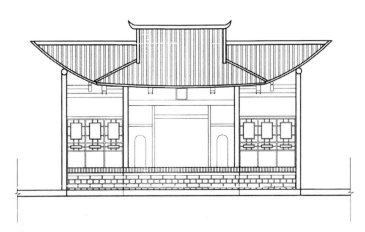

/∧∧ 洪雅柳江曾宅男主人戏楼立面示意图

一目了然好风水

——井研千佛雷宅

雷畅，乾隆三十四年（1769年），授内阁侍读学士，其位于井研千佛镇学堂湾的住宅，大约建于明末清初。其子狲霄曾在宅前建园林随春园："园有池，广荫数亩，池中乱石为阜，建月到亭、香光阁其上。"道光年间，雷家家道中落，将宅卖给五通桥盐商王敬亭。"宅经王氏扩建，始具现有规模。"后改名"槐盛堂"，与五通桥王氏盐号同名。

雷宅背山面对岷江支流芒溪河，整宅坐东向西，四周围以石墙，长500米，高4米，厚0.6米；占地4300平方米，建筑面积2400平方米。住宅基础前低后高，有天井12个，房间120个。穿斗结构，悬山屋顶，唯中厅（过厅）使用抬梁结构，寓意深刻。堂屋后坡，种黄葛树一棵，已根深叶茂。雷宅有如下几处亮点值得一览。

一、雷宅是目前四川境内风水选址一目了然的最佳例子，尤其中轴系列风水要素构成几无缺失，站在案山之处，可直接感受强烈的住宅穴位倚重山川的视觉冲击。其轴线对山不对水，体现先山后水、先仁后利的治家原则。中后黄葛树寓树大家大，盘根错节，家族繁盛，是为风水诸要的最后诉求，非常具有创意。

二、中厅八柱有六柱直径达45厘米，是"发"中有"禄"，禄才坚稳的暗示。其上配以抬梁结构，更昭示如此布置的良苦用心在于神圣和永恒。永远发财，永远当官，永远显赫，永远坚稳。

三、祖堂梁架及构造权当装饰，格外朴素大方，是和中厅气宇轩昂以粗柱展示理想的对比，个中表露国重于家、有国才有家、先国后有家的感恩情怀。

四、整幢住宅不事雕饰，着眼建筑空间营造，虽为内阁学士，不做卷棚，

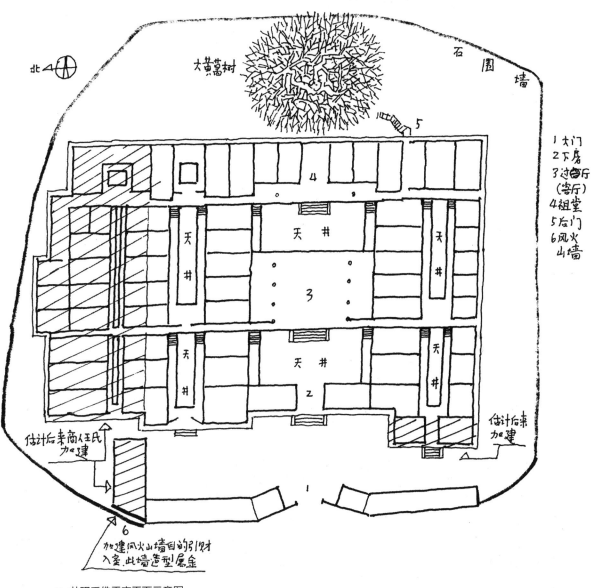

北

大黄葛树

石围墙

5

1 大门
2 下房
3 过厅 (客厅)
4 祖堂
5 后门
6 风火山墙

4

天井

天井

天井

3

天井

天井

2

估计后来商任氏加建

估计后来加建

6

加建风火山墙目的引财入室. 此墙造型属金

/八 井研千佛雷宅平面示意图

改成天花板，非常罕见，不虚张声势，反而充满浓重的民间色彩，显得大气、庄重、严肃、雅致，和商人奢靡之气对比强烈，高层次的文化品位油然而生。

五、五通桥盐商买得此宅后，加建了北侧大片房舍，做得非常简陋，估计是仓库和工人宿舍，但同时又加建了一莫名其妙的配风火墙房子，商人万变不离钱。情有可原，同为风水原因。

综上，本来雷宅选址已经铺垫很好的庄园发展底子，也在开始建水池、园林、亭子了，终因家道中落，没有发展成庄园，也就只是一户很有特色的府第了。

∧∧ 井研千佛雷宅正立面示意图

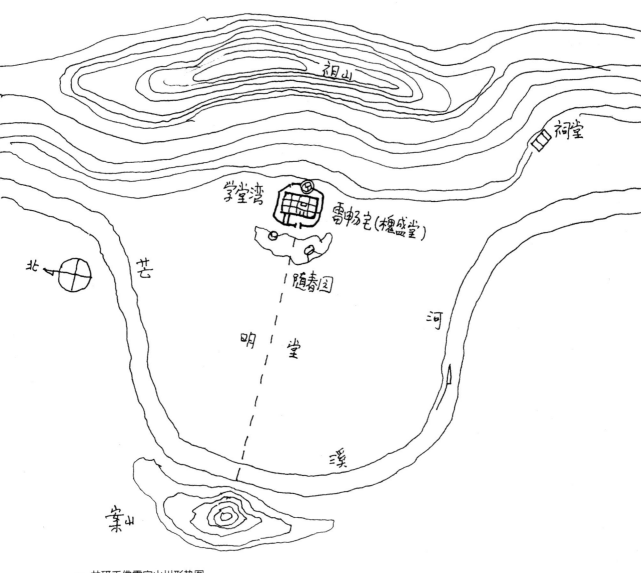

祖山

祠堂

学堂湾　雷畅宅(槐盛堂)

北　芒　随春园

河

明　堂

溪

案山

△ 井研千佛雷宅山川形势图

乐在深山两百年

——邛崃下坝花楸李宅

邛崃是一个古文化资源非常丰富的地区，其中地面历史文化建筑，尤其是民居显得独到成熟，像城中宁湘宅，火井海屋。若论历史悠久者，在邛崃和大邑交界山区，更有四川极为罕见的明代民居。诸如此类，笔者又于20世纪末爬上深山老林的花楸村得李宅大院一览，并率学生数十名做周密测绘，感慨良多。

从成色及新旧程度、间架做法看，李宅属晚清风格，为什么要在深山建大宅并组合若干合院小宅于一体？人们所说躲灾避难，又乐施好善并有茶、纸业支撑等故事，基本上是符合逻辑的。选址深藏不露，踞"佛爷晒肚"山凹，建筑面积1711平方米，共6个天井。最具特色者是天井铺地（指中间大天井）用了838块两尺（约0.67米）见方的青砂石板铺成，这是很有川西山区气候适应性的。一则扩大采光面，二则好晒茶叶和其他农副产品。所以"能铺四十八床晒簟"便是。至于朝向坐西向东，正是清代四川普遍遵循的住宅朝向，原因恐怕和皇帝在东方的北京有关。明代则多坐北朝南，普遍认为朝东方阳宅不祥。而几个天井都采用不同方位的"挂四角"开门，也是四川清代地方风水认为不直接冲煞祖堂的做法，目的也是一种吉利之作。总之，若要细查，李宅大院谜点、疑点还有很多，理应是一方故事之库，值得挖掘。

∧∧ 邛崃下坝花楸李宅透视

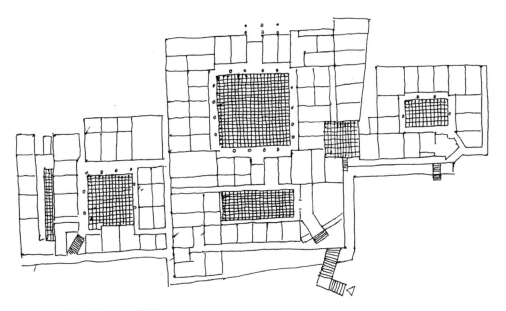

∧∧ 邛崃下坝花楸李宅平面示意图

川西民居之典型

——邛崃临邛宁宅

宁缃，前清举人，诰授"奉政大夫"，住宅图纸由其从北京带回四川，系京城某王爷府中一部分。长子宁琴伯按图施工，结合本地民居特点，综合而成，称"奉政大夫第"。这是一幢典型的具有中原血缘的川西府第，标准的川西民居。宅第面积1445平方米，南北向，二进合院，光绪三十年建（1904年）。全木穿斗结构，悬山屋顶，小青瓦覆盖。这是言必称川西民居的地产界、设计界值得注意的活生生物种，极具科学、历史、艺术价值，有如下亮点或特征，可供一读。

一、简约明晰的中轴对称系列空间昭然庭院，不可动摇，但留有东南向开门的北京宅第遗制，证明图纸来自北方。同时又可对比土著川西民居直接从中轴线正中前端开门的做法，以及对中原居住文化的理解。

二、尺度普遍有所减弱变小，不像北方那样高大，估计降矮了适应四川人身高的各部尺寸，比如檐口到地面的高度、门的高度。在目前四川不好寻找一幢完整的清末传统民居的情况下，拿此宅作为共识的标准川西民居以供传承则意义非凡。

三、交通系统的尊卑有别，反映在次序、流线、门道等处，均有组织和区别，简化清晰了大宅的烦琐，但没有羞辱性的布置，反倒让人觉得腰门比龙门更有生活气息，更人性化，更耐人寻味。

四、装饰南北相融，总体保持了文人对艺术的素雅品位，大大区别于商人的奢侈之气，而且讲究出处，要有说法，不凭空杜撰，要流畅贴切。艺术上不过分夸张，该简则简，也不顽守旧制，等等，均是宁宅长处。

五、宁宅全为清末府第制度的遗存，肯定在故乡一带形成民居形制的影响

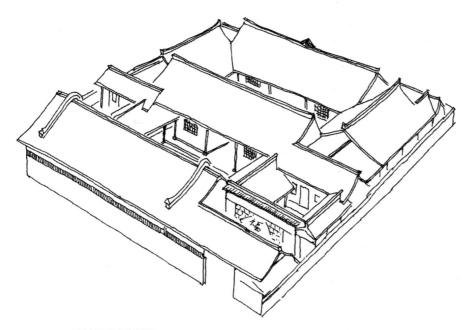

△ 邛崃临邛宁宅透视

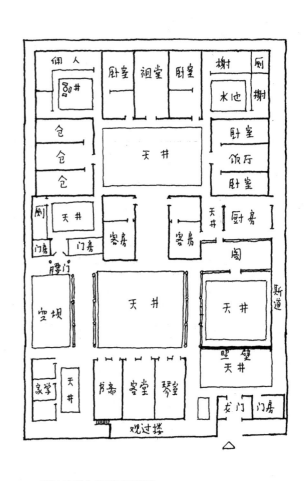

△ 邛崃临邛宁宅平面示意图

力，包括一般的住宅及装饰，因此，在邛崃一县之境，似乎处处都有与其相似的空间存在。年代尤以民初民居为甚，显然是影响事实，因而高质量的、规范的民居存在最多。由此可见标准的重要性。

川西民居有两个概念：一个是地域概念，就是四川西部的民居；另一个是建筑学概念，它以建筑形态覆盖与之有关的学科，全面阐释建筑的区域独特性概念。宁宅属于后者。

秘境庄园似山寨

——江津石龙门庄园

20世纪三四十年代，营造学社刘致平发现，四川的大型庄园几乎都在农村。刘先生认为这与反清人士便于聚会有关。这是一个非常复杂的反映在四川民居发展上的走向问题，可能还是要追溯到历史上四川无自然聚落，多散居，最后走向单体极致的问题。石龙门庄园便是生动的一例。

石龙门地处现重庆江津塘河镇石龙村，宅主陈善宝在清末民初建成此宅，住宅具备庄园元素，选址于一椅子形凹湾之中，实则于群山之中悬崖陡坡的半山腰台地上。地形非常隐秘，从北而来，几乎走拢才发现此宅，显然选址有风水介入，尤其是设防考虑，在后山加了三重护墙，至为罕见，可能与墙沟两边排水，或起护坡作用有关。资料上说有三重围墙，还有一重，踏勘时没有发现（时间在1996年7月）。

庄园占地1.3万平方米以上，传有天井18个，各种用途房间400余间，共三道朝门，笔者考察时已无法核对，格局破坏严重，但觉得远不止如此简单。庄园有如下几点特色。

一、这是在川渝地区发现的典型山寨式庄园，设防严密，选址高峻。

二、仅见的多层墙体围护。

三、罕见的宽大、开敞的中庭，及元宝形风火山墙、过厅、旱桥、堂屋、朝门形成的中轴线。

四、游离主宅之外的休闲亭子楼，可能于民国年间补建，有近代建筑色彩，和柴屋一样同有传达功能。

五、左前方凸出的砖木结构成系列空间的小姐楼、读书楼，上悬挑木构阁楼。这种组合不多见。

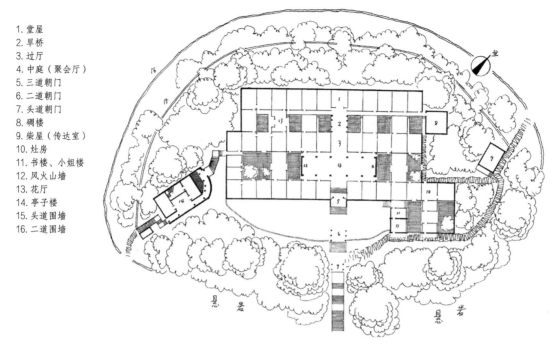

1. 堂屋
2. 旱桥
3. 过厅
4. 中庭（聚会厅）
5. 三道朝门
6. 二道朝门
7. 头道朝门
8. 碉楼
9. 柴屋（传达室）
10. 灶房
11. 书楼、小姐楼
12. 风火山墙
13. 花厅
14. 亭子楼
15. 头道围墙
16. 二道围墙

/灬 江津石龙门庄园总平面示意图

/灬 江津石龙门庄园剖立面示意图

六、旱桥成为坡面，是为仅见。

整体虽然如一般的庄园有碉楼、花厅、作坊、储藏室、厨房等配置之外，更多的房间当然是卧室。然而上述几点仍可视为特色，是其他庄园没有或唯此更具特色者。

地主或在外经商、从政发了财，回故里要建房，没有村落，只有场镇，大多选择单独建在山野田间，为什么四川如此？这是事实，又是谜一样的问题。

江津石龙门庄园透视图

庄园集群之一斑

——泸县方洞石牌坊屈氏庄园

泸县方洞镇石牌坊村，清以来，出现大型民居群，有横房、厅房、华洞、王坳、车山、贾嘴、韩田、大坝、楼房、酒精厂等10余个形态不同的民居。其中以屈氏庄园最大又独具特色。

屈氏庄园始建于清道光年间，完善于1916年，坐西南向东北，占地7756平方米，四周有高达8米的砖墙围合，并串联四角四个高22米的碉楼（现仅剩两个，称北极楼、东平楼），现毁损大半，曾号称48个天井，180个房间，有庄园必需的卧室、戏园、佛堂、内外花园、水池、库房碉楼、账房、作坊、花厅、书房、下人用房、客房等。

庄园格局仍可看出明显的中轴线，但祖堂位置尺度太大，是否原貌值得怀疑。唯前左侧民国色彩浓重的大片休闲娱乐区尚保留原貌，其他约三分之二的庄园用地变成了中学和粮库。不过从现存的空间分析推测，屈氏庄园是一个非常独特的川南大型庄园。有如下几点可以一阅。

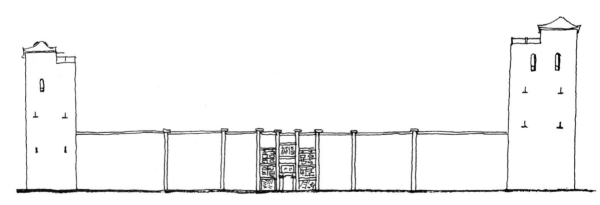

/l\ 泸县方洞石牌坊屈氏庄园大门立面示意图

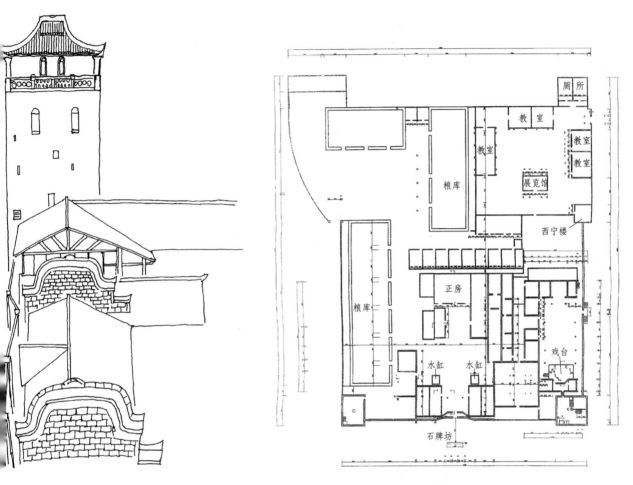

∧Ⅲ 泸县方洞石牌坊屈氏庄园碉楼与大门　　∧Ⅲ 泸县方洞石牌坊屈氏庄园平面布置图

一、目前看得见的原真物，最有庄园特色的是带碉楼的围合，分正立面高大砖墙体、主入口、左右端点的碉楼三部分。墙高8米，中开八字门，八柱七开间结构。正门顶部和两侧砖砌造型凸出阳文"福、禄、寿、喜"字体8个。造型和尺度围绕"八"字展开，寓意大发。尤其具有史学意义的是大门后上方一石刻镌有文字言："壬子（1912年）之春，民国创立，盗匪四起，我乡地近大山，匪徒尤易啸聚，故于癸丑（1913年）初夏破土磨砖筑碉自卫……"此一信息点明了川南甚至四川清末民初广兴碉楼的原因。

二、从现存的两个碉楼观察，布置四角的4个碉楼，平面大小是不一样的。现存的两个造型相同。其中北极楼底层还有九道拐的设防"八阵图"，是川内数百碉楼仅见。碉楼的高度，顶部侧墙"L"形做法，甚至有瓦面的四角起翘的歇山式屋面只覆盖了顶部的一半等，均是川内碉楼中的孤品。其中意义如何，尚待破解。另外，从开窗、瓦顶上气窗等新潮局部构造看，设防建筑吸收西方建筑文化于其中，说明自汉代以来的土著碉楼开始和外来文化"混血"，有可能是对新品种的探索。

三、尤其是附近大坝还有一处保留很好的庄园叫屈炳星庄园，全然是西方封闭式再版，四角平顶碉楼，内连续拱廊楼道串通形成通廊，非常现代、时髦。它恐和屈氏庄园年代差不多，这说明当时人们对西方建筑文化的接受是全开敞式的，迫不及待的。

四、庄园把娱乐悦情的空间形成区域安排，而不仅仅是一座戏楼（台）；同时又将碉楼、佛堂紧密地结合一起，在兵荒马乱的年代体现出乱中求佛、乱中娱乐、乱中有退路、乱中求平安的乱世生存哲学观。这理应是同时代此类建筑最系统的设计。

综上只是对于若干庄园之一的局部感受，显然是很不全面的。它应该是当时 10 多个庄园的整体之一，相互之间一定是"你中有我、我中有你"的信息链形成空间网络，可惜大部分已毁，如此可见一斑。

/∧ 泸县方洞石牌坊屈氏庄园戏楼及"北极楼"碉楼

围墙如城无二例

——屏山岩门龙氏山庄

1996年1月，笔者收到老友，屏山县文化馆馆长王用安先生的一封信，他说："屏山大乘乡岩门龙氏山庄是座典型地主山庄，是屏山龙氏在外做官的人为繁衍子孙后代和避乱，惨淡经营十年而成。其工匠据说是清廷名师。我于'文革'时曾看过，工艺精绝……"1997年4月笔者又收到王先生的信，他再次谈起龙氏："屏山岩门龙氏，原籍广东，尊汉光武帝时龙述为一世祖。63代、64代均出身于康熙时广东长乐县[①]龙村乡。63代携子至四川荣昌县[②]，64代迁至岩门，其妻屏山人。66代、67代均有龙氏办理云南回、彝事务有功，保升同知，候补知县，显赫一方。时乃道光年间，距今约180年。

龙氏山庄是目前川渝境内唯一完整的、有城墙式围合并串联四角碉楼的山庄，围墙宽2米，不包括碉楼长208.2米。山庄选址岩门半面坡山腰上，坐西向东，占地5000多平方米，建筑面积3136平方米；共四进，由戏楼、前厅、中厅、后厅加左右厢房共4个院落构成，并形成一条约有偏斜的中轴线，正是清以来四川大型住宅普遍的形制。之所以称其为"山庄"而不是"山寨"，就是因为其内部有一个多进的传统规范合院群落。但是从围合的特征及设防深度看，它又受到山寨形态相当大的影响。比如，以武胜宝箴寨为代表的川中山寨，虽然也有非常严谨的墙体围合，上面覆盖全天候的瓦廊，终因内部住宅的不规范而称为山寨，同时又有犯敌袭来方才进入的临时性特点而不是常住等寨堡功能。龙氏山庄借用其围合的深度，严格说来即山寨与规范住宅的结合体。它又和若干有围合的庄园的不同之处在于，它可以在围合的墙上梭巡、游走。这是山寨特征，而其他庄园仅有薄薄的一面墙而已。上述就是龙氏山庄在四川庄园系统中最出彩的地方，非常值得保护。

---

① 今长乐市。——编者注

② 今重庆荣昌区。——编者注

/⼋ 屏山岩门龙氏山庄鸟瞰

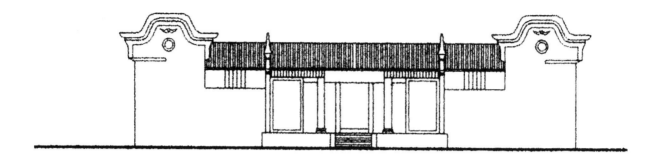

/⋀ 屏山岩门龙氏山庄二进八字门立面示意图

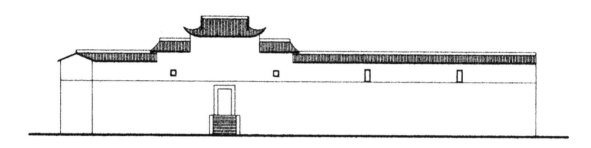

/⋀ 屏山岩门龙氏山庄大门立面示意图

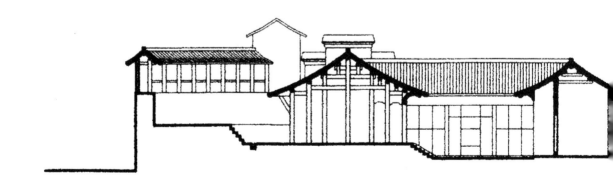

/⋀ 屏山岩门龙氏山庄剖面示意图

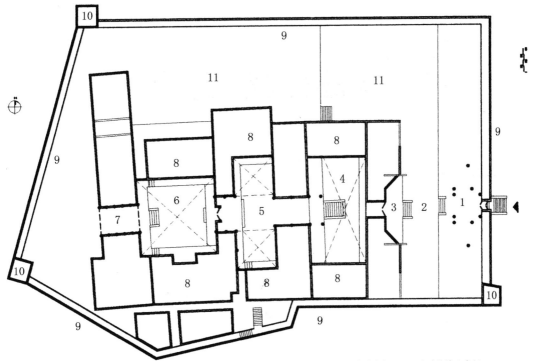

1.大门进来戏楼 2.一进看戏坝子 3.砖雕花墙八字门
4.二进院子 5.抱厅三进院子 6.四进院子 7.祖堂
8.厢房 9.围墙 10.碉楼 11.花园

/∧ 屏山岩门龙氏山庄平面示意图

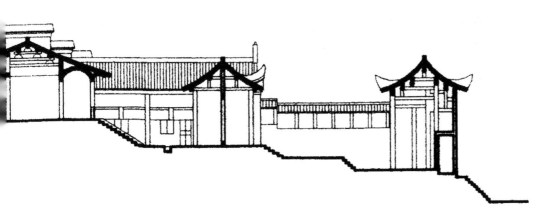

二龙戏庄走过场

——江津凤场王氏会龙庄

　　凤场地处大娄山北翼余脉山脊上，王氏会龙庄选址场镇东一"燕窝"形凹地间，时光绪九年（1883年）。宅后有龙脉山脊，前又有大路如游龙，二龙相会"燕窝"地，因而得名"会龙庄"。宅主王姜氏言丈夫从贵州讨口流落凤场一带，后偶得一卵石变成金块，才得以把庄园建成。这种低级骗术在清末民初川中相当流行，用于解释大宅兴建之因。

　　会龙庄占地2万多平方米，有碉楼5座，和高4米、宽2米、长1公里多的石砌墙串联一起，形成庄园围合。民国十年九月十二日（1921年9月12日）土匪曹天全率众攻打会龙庄没有得逞，全仗围墙、碉楼之功。

　　庄园由12个天井组成，由纵横两向轴线构成庭院组群框架，轴线节点交融处，便是具有川南、川东庭院特色的抱厅处，奇怪的是抱厅只留下直径1米的巨大柱础，而无房架。据说是有人告了皇帝，言王氏在建皇宫，想当皇帝，后被朝廷责令取缔……

　　该庄园和川内其他庄园比较，有如下一些特点显得个性化。

　　一、轴线系列空间中的大门，在川内庄园中从戏楼下设置，实例中是不多见的，此法多用于公共建筑，私家住宅或庄园应从下房之侧面开门，以区别公共建筑。会龙庄以戏楼下外墙中轴开门不知何因。

　　二、一进大天井为主的整体地面铺装，其石材的选用，尽量大尺寸的要求，嵌缝严格，工艺精致平整，甚至没有进水洞，也无排水洞的设计。本地文人认为："涨水池中无水翻，干旱池中水涟漪，无风拱下水自动，来回循环波自涌。"老农更赞扬："平整得不漏一颗油菜籽。"并报出掌墨师石匠刘玉成的名字，仅此一俗，极表对工匠的尊重。

／Ⅷ 江津凤场王氏会龙庄碉楼雄姿

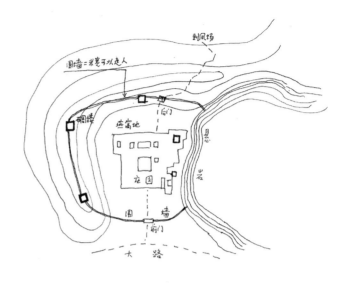

／Ⅷ 江津凤场王氏会龙庄设防图

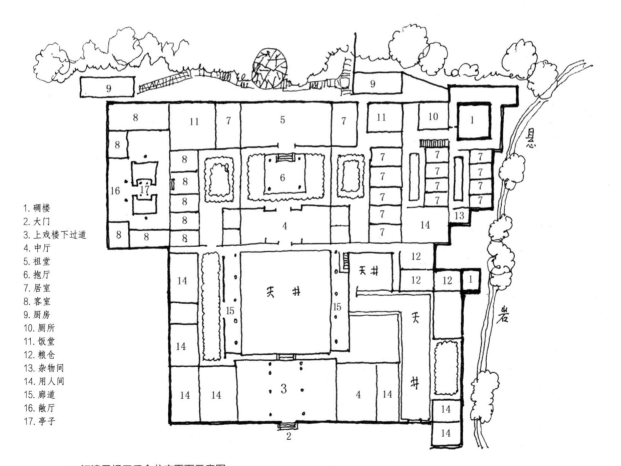

1. 碉楼
2. 大门
3. 上戏楼下过道
4. 中厅
5. 祖堂
6. 抱厅
7. 居室
8. 客室
9. 厨房
10. 厕所
11. 饭堂
12. 粮仓
13. 杂物间
14. 用人间
15. 廊道
16. 敞厅
17. 亭子

／Ⅷ 江津凤场王氏会龙庄平面示意图

三、碉楼占地2丈（约6.67米）见方，面积约36平方米，属大碉楼，共5层，建筑面积180平方米。尤其顶层在女墙上加木结构，大开窗，上可摆四张八仙桌。梁架穿斗很别致，把四角吊柱移至室内构成装饰。碉楼变成观景楼，耸立悬岩之边，视野非常辽阔，可以遥望贵州大娄山景。

四、大梁上有"民国七年七月十二日奠基，民国八年五月二十五日立，经修王泽生、王开荣，木工高丽青，石工龚海三"留名，说明民国年间1918年时匠人对作品的权利民主觉醒，反映了社会的进步。这也是不多的。

/八 江津凤场王氏会龙庄透视

清代四川拿龙说事，龙凤场、龙家湾、龙什么、什么龙……无非是说自己来路显赫，根基深厚。你看，一个叫花子也以龙相称，并能建如此非凡大宅，显见内幕很深，幸好，那时的人都在为温饱奔波，无暇顾及别人的事，也就得过且过了。

/⋀ 江津凤场王氏会龙庄戏楼

坐南朝北是长江

——江安夕佳山黄氏庄园

夕佳山为江安县中部丘陵地带的一处小地名。黄氏举人于此建庄园，详情说法不一。寻找一处安静环境，归隐大自然，恐怕是中国多数文人的生存梦，然而面对占地15000平方米，建筑面积3236平方米的巨制大宅，也许不是如此简单。首先仍是农业时代万变不离其宗的风水选址：第一个问题是为什么要一反常态，既不按选址正宗朝向的坐北朝南，也不按清代流行的坐西朝东，而来一个坐南朝北之向？打开地图你会发现，住宅大门北向的遥远之处是浩荡的长江。这一自然巨流不仅是"五行"之中的要害，金同水的寓意，更重要的是启迪思想不流于停顿，永恒思考如流水不腐的警示。此为正是儒学核心——退就是进、静就是动的在建宅方面的反映。所以，风水不是一成不变，关键是看怎样变。就是后来在住宅前挖了一个小水坑，权当朱雀之貌，实则朱雀不应该在北向。所以庄园选址是一大智之为，否则不能自圆其说。面对长江这一大自然浩荡巨流，任何人都必产生敬畏之感，因此拿建筑面对持迎接之势，也就不计较朱雀之位必须是在南面了。

但是，要在深山极幽之境不致寂寞，又要安全，又必须在住宅内把各类功能空间做到尽善尽美，如厅房、学堂、藏书楼、茶室、琴房、乐楼、戏廊、佛堂等。安全设施方面有坚固的围墙、庄园四角的碉楼，向后退却的道路。虽然地处深山，后有原始森林，周围极佳生态，宅主还是在宅内布置一些园林，如东园、西园、后园，并在园中点缀亭、桥、水池、假山，以供主、客享用。如此，更少不了主人的卧室，小姐们的闺楼，时尚的西洋楼，吹牛聊天儿的花厅。最后是生活重点的全套——厨房、餐厅、仓储、厕所、马棚……据说这些加起来有123个房间。

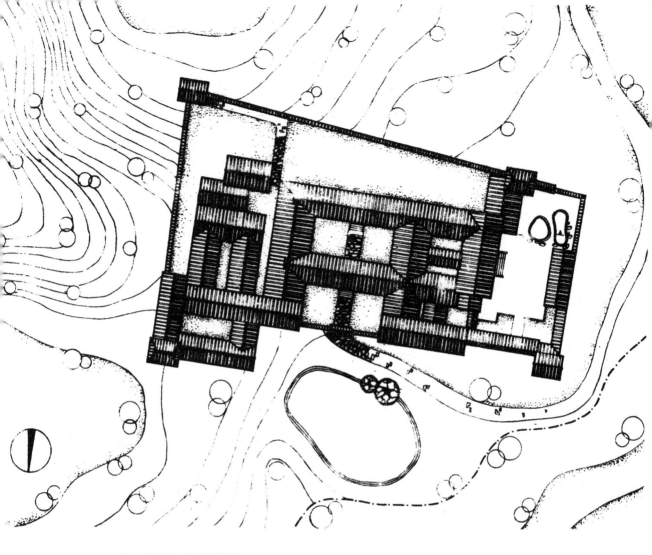

/\ 江安夕佳山黄氏庄园总平面示意图

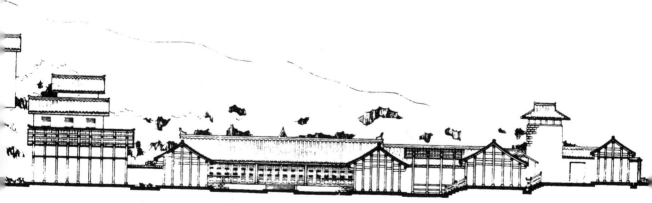

/\ 江安夕佳山黄氏庄园横剖面示意图

清以来，四川庄园就是一县一座，也将近两百座，这些庄园大宅几乎都在山野田园而不是在场镇城市。从庄园的定义上讲，庄园还有田产管理功能，即是说，周围还有广大的田亩出佃出租。但是现状中，不少宅主没有田产，仅是文人学士、商人政客而已。如黄氏就是举人出身，似乎就没有账房、粮食加工、多种作坊等空间。这说明庄园随着时代变化而变了。因而庄园概念也就变化了。甚至有的庄园就开始建在城镇旁，比如富顺"福源灏"庄园，干脆把田产交给专门的机构管理，自己就在富顺县城河对岸建宅。同时又伴生了一个新的机构，叫"田亩管理所"。

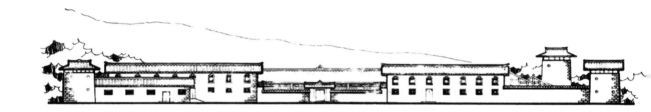

/⋀ 江安夕佳山黄氏庄园正立面（北立面）示意图

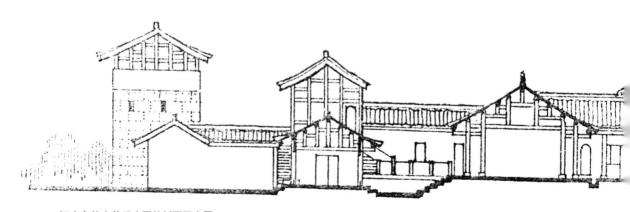

/⋀ 江安夕佳山黄氏庄园总剖面示意图

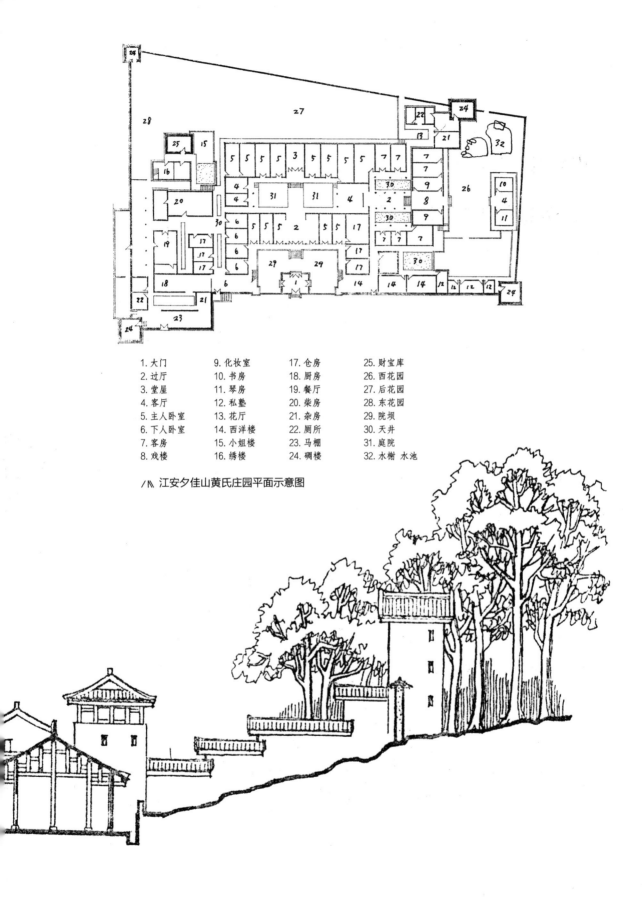

1. 大门	9. 化妆室	17. 仓房	25. 财宝库
2. 过厅	10. 书房	18. 厨房	26. 西花园
3. 堂屋	11. 琴房	19. 餐厅	27. 后花园
4. 客厅	12. 私塾	20. 柴房	28. 东花园
5. 主人卧室	13. 花厅	21. 杂房	29. 院坝
6. 下人卧室	14. 西洋楼	22. 厕所	30. 天井
7. 客房	15. 小姐楼	23. 马棚	31. 庭院
8. 戏楼	16. 绣楼	24. 碉楼	32. 水榭 水池

江安夕佳山黄氏庄园平面示意图

川西唯一美庄园

——温江寿安"陈家桅杆"

温江寿安"陈家桅杆"即陈宗典宅,清同治三年(1864年)建,费时8年,占地10亩,建筑面积3000多平方米,是川西平原唯一留存至今的庄园特色浓厚的大型宅第。1985年第一次访问时,尚没有公路通寿安,庄园破败不堪,后经笔者联系川报首席记者戴善奎先生大篇幅报道,方才逐渐进入人们的视野。当时的乡长贺刚、程林吉也不遗余力地鼓动保护才有如今局面。

陈宗典原为重庆璧山县[①]人,后辗转来到川西,最终定居寿安天鹅村,因有翰林名位,又有儿子陈登俊武举之功名,故在住宅大门外建有双斗华表一对,人称"桅杆",陈宅因而得名"陈家桅杆"。陈宅浓缩清代四川住宅制度的精华,是一部经典的清代社会建筑民俗史的丰富大书,具有极高的历史、科学、艺术价值。这里可以列出几项带普遍性的问题一阅。

一、建筑年代的意义。住宅始建年代的代表性,即清咸丰、同治年间为什么四川出现建筑高潮?原因在于太平天国运动造成长江中下游几省经济不振,四川的盐、米大宗生产得到朝廷支持,远销湖、广等省,因而一批商人致富。尤其是同治年间,四川会馆、寺庙、宗祠、大型府第的兴建之风,主要得益于"川盐、川米济楚"之利。"陈家桅杆"概莫能外。

二、建筑朝向问题。稍微像样的建筑都多在清代咸丰、同治、光绪年间。建筑朝向动辄坐西朝东,这和前清、明代全国坐北朝南全然不同。原因分析起来,恐怕还是与朝廷支持四川盐米外销有关,因致富而产生感恩情愫,北京在东方,最佳的表达方式莫过建筑朝向,陈宅亦然。

---

① 今重庆璧山区。——编者注

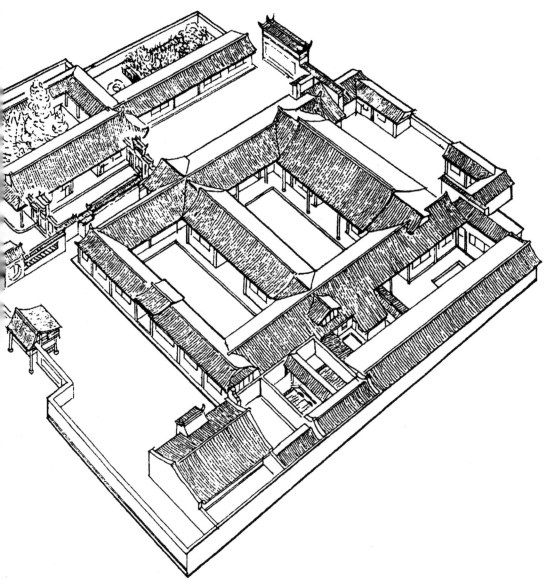

/⋀ 温江寿安"陈家桅杆"鸟瞰

三、建筑中轴线的偏离。清代后期，凡二进或多进民居，往往在中轴线上发生偏斜，主要是大门和堂屋之间产生轴线而不管中间关系。其实这是自古就有的多重因素的结果，原因有回避穿堂风直吹，风水上藏风藏气不跑财，不让外人一眼从大门望到底，防盗护财保护女眷，等等。陈宅大门偏得较大，可能更有说法。

　　四、清代府第之前是否必须有若干规范的指标并构建桅杆（华表），尤其是桅杆尺寸，平面各部尺寸等？郫县[①]安靖乡有邓翰林清道光二十六年（1846年）一对桅杆尚存，经实测，它的尺寸：桅杆高四丈八尺（16米），桅杆间距九丈（30米），两柱（桅杆）分别距离大门中心点八丈（约26.7米），两柱（桅杆）中心点与大门中心点距离六丈（20米）。九、八、六为清代四川建筑普遍遵循的吉祥尺寸。"陈家桅杆"虽然已不存在，但必是此度。因同是翰林相差17年，相距十多公里，他们之间一些身份标志理应不会相差太远。

　　五、庄园是否必须有碉楼。四川不少大宅除没有设防的碉楼外，其他功能空间样样齐全，此况定位往往不以庄园计，而称府第或宅第。这确实是一个空间类型比较模糊的问题。鄙以为仍可定为庄园，只要仍有田产、收租即可以庄园论。陈宅虽无碉楼，但身在农村田园，有租有息，当然是庄园。

　　六、多轴线体系构成庄园空间网络。儒、道、佛三家兼具的生存空间，四川庄园不多见的家祠设置，休闲空间纳园林、花厅、廊道、牌坊砖砌门于一体，便门立大照壁，防设计不足出现的漏财，住宅内以"福、禄、寿、喜"为人文纲领的涉木、石、砖、泥彩绘于各部的装饰大观等都极具代表性地在"陈家桅杆"中表现出来。

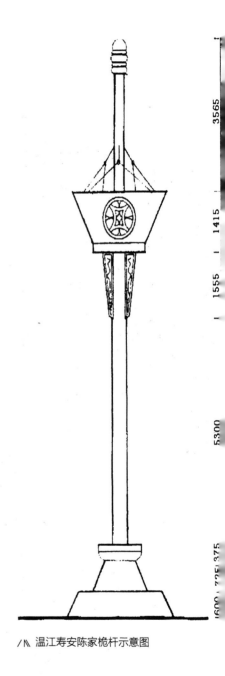

/八 温江寿安陈家桅杆示意图

① 今郫都区。——编者注

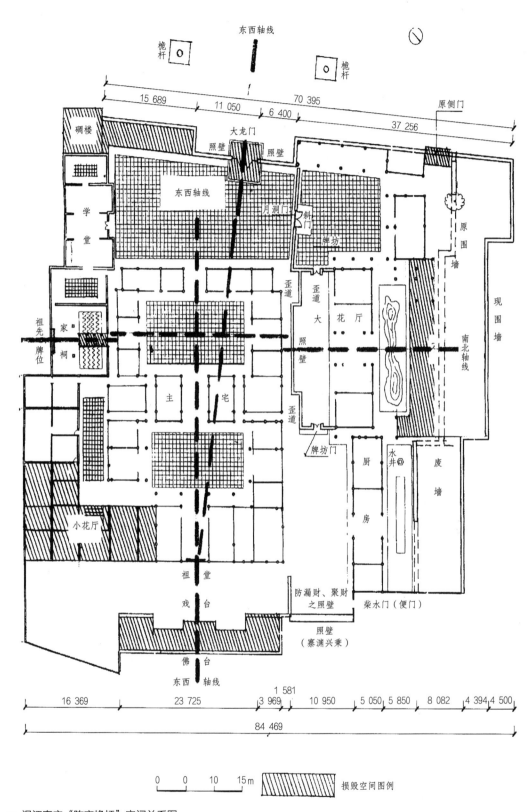

東西軸線
桅杆 ○   ○ 桅杆

15 689   11 050   6 400   70 395   原側門
37 256

碉楼
照壁   大龙门   照壁
学堂
東西軸線   月洞门   斜门
牌坊
家祠   祖先牌位   歪道   歪道   大花厅   原围墙   现围墙
主宅   照壁   南北轴线
歪道
牌坊门
厨房   水井 ○   废墙
小花厅
防漏财、聚财之照壁   柴水门（便门）
祖堂   戏台   照壁（寨渊兴秉）
佛台
東西軸線

16 369   23 725   3 969   10 950   5 050   5 850   8 082   4 394 4 500
1 581
84 469

0   0   10   15 m   损毁空间图例

△ 温江寿安"陈家桅杆"空间关系图

羌族民居

羌族民居特征是用石头垒砌而成。虽然大致可分成底层畜养，二层卧室、主室，三层罩楼、晒台的空间结构，但岷江上游又分成若干部落的民居又各有特色，甚至在官道旁的民居中还出现羌汉合一的"混血"民居，羌、藏交界地区出现藏族外观特征的羌族民居等，均是非常美丽的。

依山居止是古制

——理县老木卡杨道发宅

历来文献言，羌民居依山居上，垒石为居，老木卡寨杨道发宅把此言诠释得淋漓尽致。依山居止建筑上的解释是后立面部分没有人工墙，而是利用天然岩体做墙。不如此，何言"依山居止"？由此，杨宅是杂谷脑河河谷羌寨从外到里最原生的民居之一，修建年代至迟也在道光年间。

由于临近藏族居住区，杨宅把藏民居中的厕所挑楼引入三层、二层东墙，是最典型的民族交界地区相互影响现象。但没有做厕所，而是用于观察、堆放稼禾，或者成为景观。还有南立面主入口的垂花门，我们又从中看到了汉文化的痕迹。

内部则是最古典的羌民居传统格局与布置：底层畜养，二层住人，三层储藏、休闲，顶台晒台、罩楼。核心在二层，二层的核心又在主室，主室的核心则在火塘与角角神。上下综观，这是一种古典空间非常逻辑化的生存态势，是经两千年历练之后的科学总结，更是设防基因始终不离不弃的最后营垒，当然包括对地震设防的从墙体到整体的收分处理。5·12汶川大地震证明了它的火候。这里距汶川只有20多公里。

沉静、典雅、深厚、壮实是它的美学特征，所以杨宅完全可以作为河谷地带羌民居的一类标准典型。

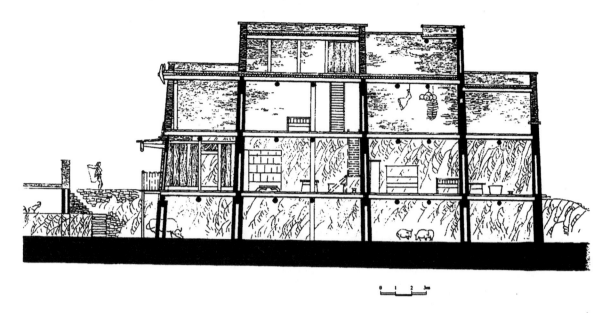

/Μ 理县老木卡杨道发宅剖面示意图

/Μ 理县老木卡杨道发宅所在的木卡上寨

/⋀ 理县老木卡杨道发宅东立面示意图

/⋀ 理县老木卡杨道发宅南面透视

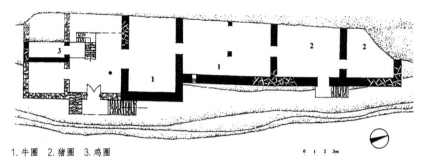

1. 牛圈　2. 猪圈　3. 鸡圈　　　　　　　　　　　　　0 1 2 3m　　　　　一层平面图示意图

1. 门廊入口　2. 门厅　3. 主室　4. 卧室　5. 猪食加工　6. 挑楼　7. 鸡圈　　0 1 2 3m　　二层平面图示意图

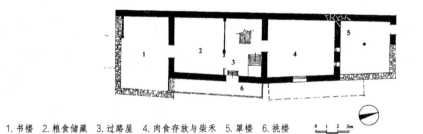

1. 书楼　2. 粮食储藏　3. 过路屋　4. 肉食存放与柴禾　5. 罩楼　6. 挑楼　　0 1 2 3m　　三层平面图示意图

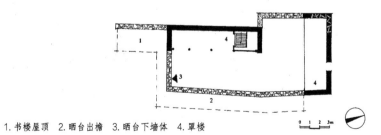

1. 书楼屋顶　2. 晒台出檐　3. 晒台下墙体　4. 罩楼　　　0 1 2 3m　　　四层平面图示意图

理县老木卡杨道发宅各层平面示意图

理县老木卡杨道发宅鸟瞰

理县老木卡杨道发宅南立面示意图

碉楼、过街楼是个谜

——理县桃坪陈仕明宅

陈仕明宅居桃坪寨中心地位，占地极少，容积率又高，还建碉楼，又搭过街楼，内部跌宕起伏，外貌高低错落。作为建筑，陈宅可谓用心极为良苦。但静下来分析：为什么在桃坪大多数没有建碉楼的情况下，唯陈家建了碉楼？而碉楼又和主宅分离，结构上没有融为一体。即是说，碉楼恐怕是公共性质的，而不是私家的。但它纳入陈宅又如此巧妙，原因是它们之间靠得太近。

另一个是过街楼。桃坪是所有羌寨中过街楼最多的，有两大因素可以解释。一是人丁增加而用地有限，不得不往道路上空发展。二是大、小金川战役前后，过往兵马太多，凡临道路人家趁机搭建旅栈，以招揽过客，所以，凌空的过街楼两侧立面都开窗较多较大，做得比较漂亮，且相当汉化。

这不是羌族固有风格，是适应商业需要对汉族居住文化的朴素理解。因为客人中汉族最多。这一前一后的变化，蕴涵了深刻的社会发展对住宅的空间影响，并烙下了时代的痕迹。

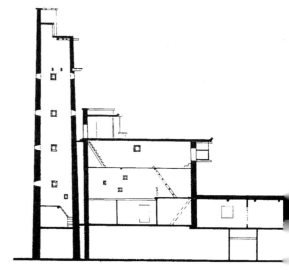

理县桃坪陈仕明宅剖面示意图

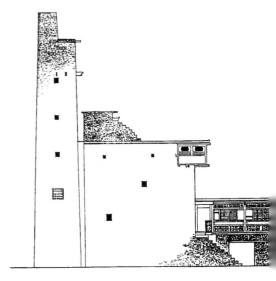

理县桃坪陈仕明宅西立面示意图

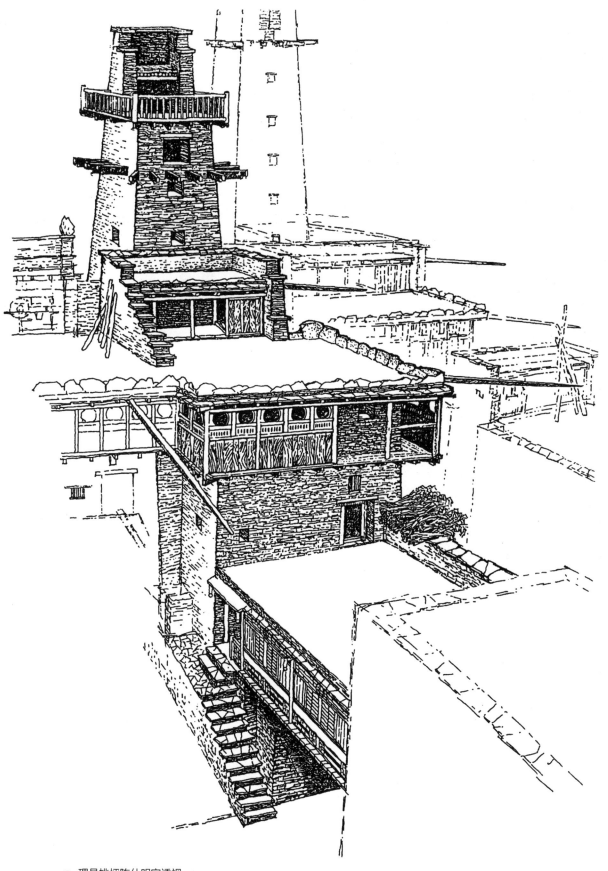

/Ⅳ 理县桃坪陈仕明宅透视

理县桃坪陈仕明宅大门外过街楼透视

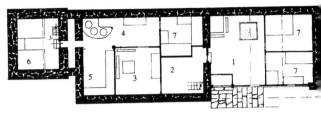

1. 门厅兼待客室　2. 过路屋　3. 主室　4. 灶房　5. 储藏室　6. 碉楼　7. 卧室

二层平面示意图

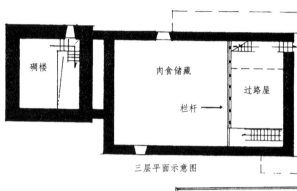

碉楼　肉食储藏　栏杆→　过路屋

三层平面示意图

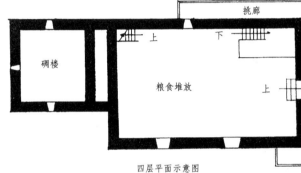

挑廊

碉楼　上　下

粮食堆放　上

四层平面示意图

碉楼　下　下罩楼　高晒台

五层平面示意图

⋀⋀ 理县桃坪陈仕明宅各层平面示意图

／／ 理县桃坪陈仕明宅大门入口空间透视

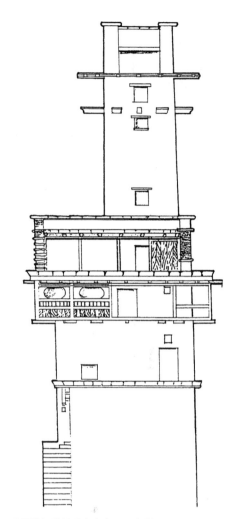

／／ 理县桃坪陈仕明宅南立面示意图

中心四柱是亮点

——茂县黑虎寨王丙宅

王宅是游离黑虎寨，处于边缘的独户，面积不大，200平方米左右，但整体和细节都做得严严实实，简洁而完整，该做的都做了。在单家独户大山之间，在严酷的生存环境中运筹得如此得体，力证了主人绝非平庸之辈。尤其是主室的中心柱用了四柱成等距离组合，做到了万无一失的设防构造，又不失中心神柱的图腾式崇高地位，这在羌族地区也是不多见的。大多数的羌民居主室用一

/Λ 茂县黑虎寨王丙宅透视图

/\ 茂县黑虎寨王丙宅正面示意图

根中心柱,少数用两柱,像此宅在空间可以使用一柱的条件下,居然使用四柱,是何道理?笔者拜访时,门大开,随便进出,没有见到主人。笔者问黑虎寨上人,对方也说不出原因。另外,屋顶排水与大小屋面的组合,人畜分道与一、二层之间室内不设楼梯等细节均方便实用,给人留下深刻印象。

八 茂县黑虎寨王丙宅透视

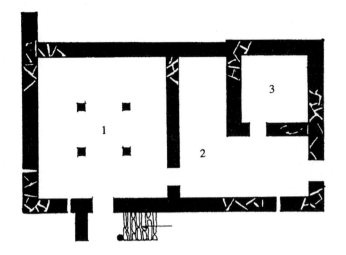

一层平面示意图

1. 畜养
2. 工具堆放
3. 杂物

二层平面示意图

1. 主室
2. 卧室
3. 卧室
4. 挑楼

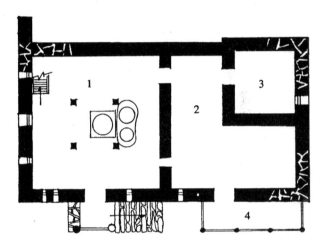

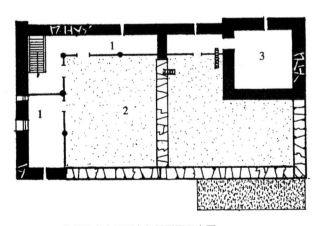

三层平面示意图

1. 储藏
2. 晒台
3. 储藏

/⋀ 茂县黑虎寨王丙宅各层平面示意图

官寨该是什么样

——茂县曲谷王泰昌官寨

四川阿坝州藏羌官寨是一笔巨大的物质与精神财富。其每一处都具有自身独到的空间形态，个个殊异，可惜仅卓克基官寨得到修缮。羌族的官寨仅有王泰昌寨一处尚存，但也濒临全面毁灭。

王寨是一幢兼住宅与办公的大型羌族建筑。严格说来应是一幢大型住宅。由于住的是官员，往往以官寨相呼。官寨选址在曲谷高半山的斜坡上，周围分布若干小寨，尤其坡下有城堡式哨碉一座，让人顿感村寨是一组严密的以官寨为中心的居高临下的设防网络。因此，官寨自身就没有建碉楼，这在家家都有碉楼的曲谷乡就显得非常突出。也许，这正是官寨之特异处。官寨另一大异于众民居之处是，建筑形成围合，由于多层，于天井形成深桶式中心。这在羌族建筑系统中成为唯一，让人尤感城堡韵味，是羌民族的伟大创造。再有多处细节令人惊叹，如二层议事厅，面积达70平方米，使用的中心柱却只有一柱，但它是笔者所见最粗的一根，因此显得很神圣，大有非我莫属的头人气派，可以断定这是羌族地区只有一柱的最大房间，给人空间展示地位的强势感。还有各层采光很差的密室、不成流线系统的道路等，均给人留下悬疑，即为什么要这样去处理。

茂县曲谷王泰昌官寨天井透视

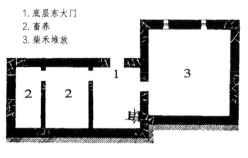

1. 底层东大门
2. 畜养
3. 柴禾堆放

一层平面示意图

1. 一层南侧石梯
2. 南大门
3. 天井及水井
4. 主室
5. 议事办公室
6. 密室
7. 密室
8. 卧室
9. 地下排水沟

二层平面示意图

1. 楼廊
2. 过路厅
3. 卧室
4. 书楼
5. 卧室
6. 绣花楼
7. 卧室
8. 密室
9. 卧室
10. 卧室

三层平面示意图

1. 楼廊
2. 过路厅兼储藏室
3. 卧室
4. 书楼
5. 晒台
6. 晒台
7. 储藏室
8. 储藏室
9. 储藏室
10. 卧室
11. 卧室
12. 天井上室

四层平面示意图

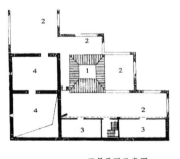

1. 天井上空
2. 晒台
3. 罩楼
4. 储藏室

五层平面示意图

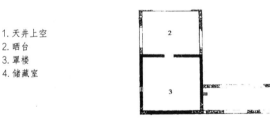

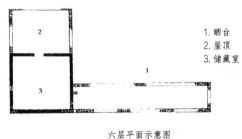

1. 晒台
2. 屋顶
3. 储藏室

六层平面示意图

/八 茂县曲谷王泰昌官寨平面示意图

/Ⅲ 茂县曲谷王泰昌官寨透视图

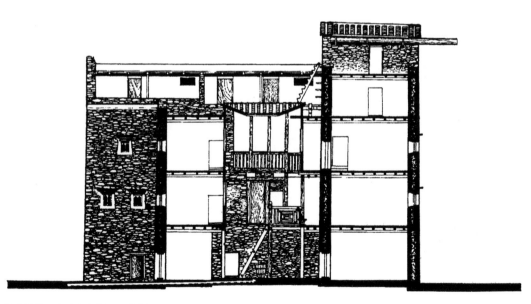

/Ⅲ 茂县曲谷王泰昌官寨剖面示意图

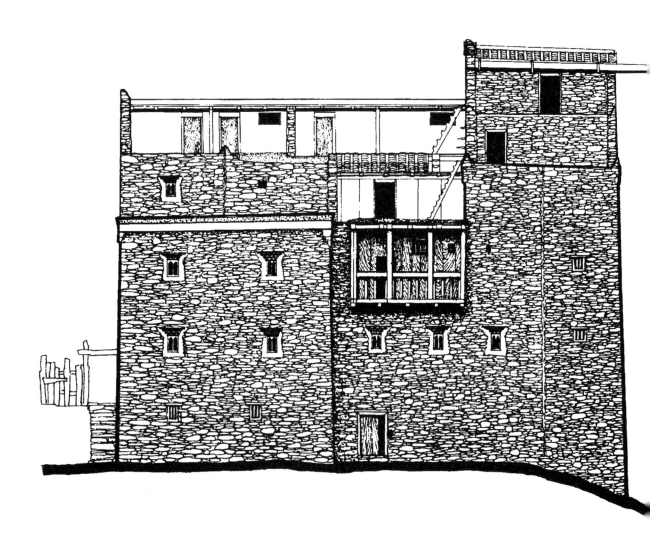

/∧ 茂县曲谷王泰昌官寨东立面示意图

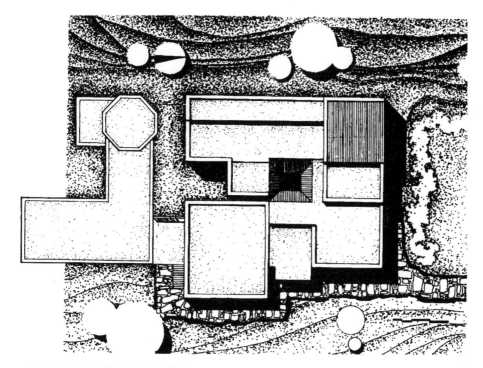

/⋀ 茂县曲谷王泰昌官寨总平面示意图

/⋀ 茂县曲谷王泰昌官寨南立面示意图

小宅内涵藏、羌、汉

——汶川草坡张宅

/⋀ 汶川草坡张宅剖面示意图

汶川草坡多为嘉绒藏族为主的聚居区。在藏、羌、汉杂居地区，住宅出现"四不像"，没有嘉绒核心地区住宅屋顶四角的"三尖角包包"，但有羌族住宅主室不太标准的二柱式中心柱，以及大门进来汉族的中轴对称房间。这就构成了多民族杂居地区相互影响在空间一侧的力证。以上三点都是三个民族民居重要的空间特征。它们被融会于藏族民居之中，原因是民居在藏族聚居区内。同理，附近羌族、汉族民居也会吸收藏族民居的一些特征来丰富自己的表现力。所以，民族杂居地区是一个文化相互影响的地区，传播的媒介则是各族工匠。途径则是官道，即相互联系的主要干道，离此越远，影响越小。

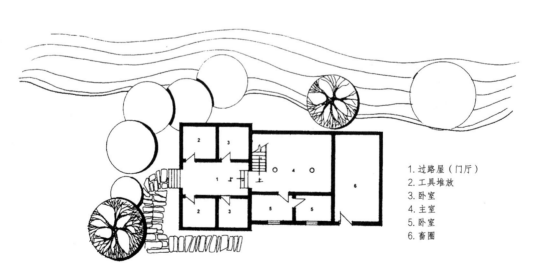

1. 过路屋（门厅）
2. 工具堆放
3. 卧室
4. 主室
5. 卧室
6. 畜圈

/⋀ 汶川草坡张宅总平面示意图

/＼＼ 汶川草坡张宅速写

/＼＼ 汶川草坡张宅透视图

乱中有序是个性

——汶川和坪寨苏体刚宅

宅主是一个铁匠，把作坊和主宅分开，他怕影响家人的安宁，用厚墙屏蔽噪声，其他如厨房也安排在有窗的房间，然后和主宅的火塘拥抱在一起。他一边种庄稼，把收获的粮食储藏在靠岩最隐蔽的房间，一边把用作燃料的木柴稼禾堆在墙头上。这一切如画中，看似杂乱、无序，看似有些浪漫，看似有些画意。然而，在大山顶上的羌民，生存环境这样险恶，就是这样一幢200多平方米的乱石垒砌老房，也许会花去他们毕生的积累和精力，他们甚至把二层的经堂也当成仓库，信仰在生存面前退让了。所以，老宅给人一种沉重感，空间有些随意。

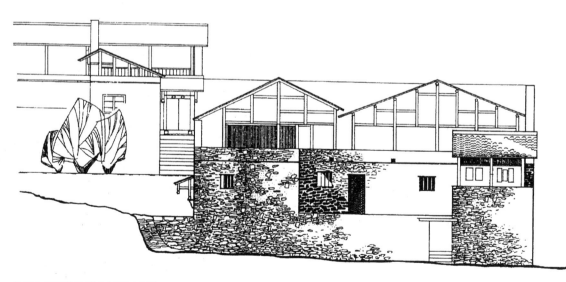

/八 汶川和坪寨苏体刚宅剖面示意图

╱╲ 汶川和坪寨苏体刚宅透视图

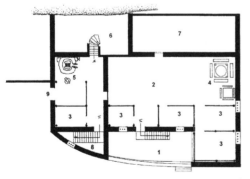

1.地坝　2.主室　3.卧室　4.火塘
5.铁匠作坊　6.过路屋　7.储藏室
8.下底层畜圈　9.后门

╱╲ 汶川和坪寨苏体刚宅一层平面示意图

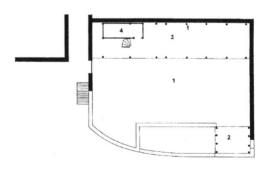

1.晒台　2.储藏室　3.储藏室　4.看守屋

╱╲ 汶川和坪寨苏体刚宅二层平面示意图

简简单单就方便

——汶川和坪寨苏体光宅

居住在岷江河谷大山上的羌族人，用最简单的室内功能空间划分，把生产、生活区域调整得方便实用，还不失休闲观景之功，观后留有余韵。

一间大主室，几间小配置，什么都不缺：卧室、火塘、神位、厨房、储藏、畜养、晒台，甚至休闲的阁楼仅简约的垂花门……生存必需的和精神必要的都齐全了，这就完善了人生最起码的空间追求，满足了居住文化憧憬。

这是一个不设防的仅有几十户人家的高山小寨，没有碉楼，没有工事，只有寺庙，只有独路与峭壁、陡岩……这些都是让人望而生畏的自然设防。所以满头大汗爬上山来，笔者犹如到了一个高山桃花源，处处莺歌燕舞、花明山绿。

/⋀ 汶川和坪寨苏体光宅剖面示意图

/⋀ 汶川和坪寨苏体光宅大门

/⋀ 汶川和坪寨苏体光宅透视

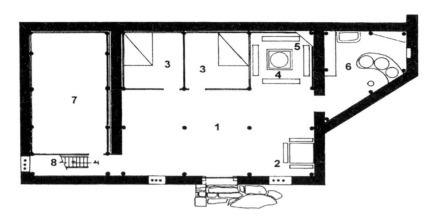

1.主室　2.餐桌　3.卧室　4.火塘　5.角角神位　6.厨房
7.储藏兼卧室（下底层为畜养）　8.楼道

／＼ 汶川和坪寨苏体光宅顶层平面示意图

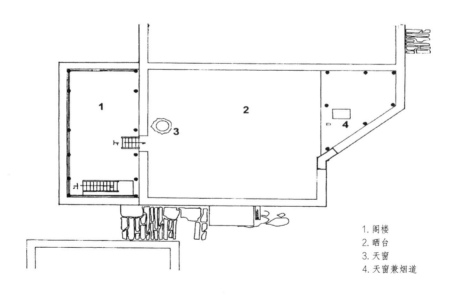

1.阁楼
2.晒台
3.天窗
4.天窗兼烟道

／＼ 汶川和坪寨苏体光宅平面示意图

/◣ 汶川和坪寨苏体光宅屋顶瓦面

/◣ 汶川和坪寨苏体光宅阁楼透视

羌汉交界前锋寨

——汶川县羌锋寨汪宅

羌锋寨汪宅祖先是远近闻名的木匠，附近绵篪街上的文昌阁就出自其手。同类同型在羌锋寨后坡还有一个，后毁。这个寨子和岷江再往上走的寨子不一样的是，家家户户都是穿斗木结构和石砌墙体结合在一起的，就是说，石头砌成的围墙，包裹着一个有小青瓦覆盖的木头房子。为什么一反大部分羌族平屋顶的民居状？一是距都江堰多雨地区不远，雨量还是较多；二是人文方面，是离汉族最前沿的羌寨，多多少少受到一些汉族建筑的影响。简而言之，处在羌汉过渡点位上，一切形态兼具两族的一些特点，是一处羌汉地域交界聚落，羌族地区的"前锋寨"。明清时候这还是一个巡检司住地，也叫"寒水驿"。

1. 入口
2. 储藏室
3. 厨房
4. 主室
5. 鲁班神位
6. 火塘
7. 角角神位
8. 卧室
9. 走廊
10. 畜圈上空
　　（下为畜圈）

汶川县羌锋寨汪宅一层平面示意图

1. 吊脚楼
2. 晒台
3. 天窗兼烟道
4. 畜圈上空
5. 楼井
6. 储藏室

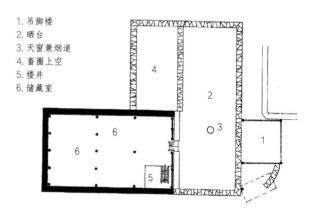

汶川县羌锋寨汪宅二层平面示意图

/⁁ 汶川县羌锋寨汪宅大门

/⁁ 汶川县羌锋寨汪宅透视

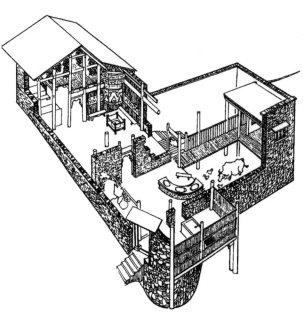

/⁁ 汶川县羌锋寨汪宅剖视

前卫别墅根在羌

——茂县河心坝杨宅

　　中国营造学社大家刘致平说，羌族建筑是中国的西方建筑。由此看来，说不少民居恰如别墅也不为过，一是石头为主要材料，二是外观与古典别墅造型别无二致。虽然内部功能不可能事事周全，比起别墅简单得多，但外观诠释着岷山高寒山区，阳光明朗，山风劲冲。开门开窗小而少的传统习惯尺度，兼顾了对外敌、地震设防的警戒。一种单纯的自然与人文的适应与抗衡。如此，基本达成了建筑使命。它的美，是一种成熟的古典美，砥砺到位的极致美。

　　艺术理论家认为，所谓前卫，实则就是装饰后的原始，吴冠中觉得西非的原始木雕是最现代的处理手法。建筑作为艺术难道不是殊途同归？

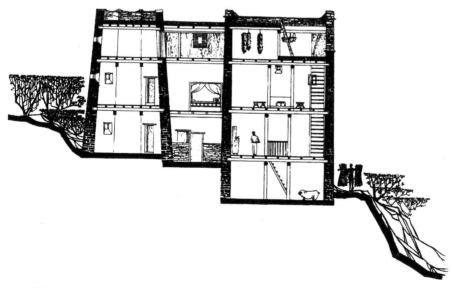

∧ 茂县河心坝杨宅剖面示意图

/⋀ 茂县河心坝杨宅正立面示意图

1. 过路屋（兼堆放生产工具）
2. 碉楼（兼堆放杂物）
3. 猪圈

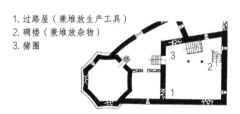

二层平面示意图

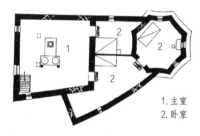

1. 主室
2. 卧室

三层平面示意图

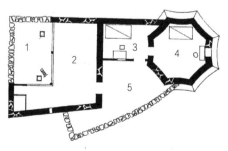

1. 有天窗的小晒台
2. 半封闭廊子
3. 卧室
4. 书楼
5. 晒台

四层平面示意图

/⋀ 茂县河心坝杨宅平面示意图

茂县河心坝杨宅透视

/\ 茂县河心坝杨宅南立面示意图

后　记

　　此生后半段一不小心，跌跌撞撞进入乡土建筑领域，已三十年。缘起于深度旅游，就是想把好看的乡土建筑游够、画够，完全是受美术专业的心理支配，似乎在寻找一种专门的表现对象而已。因其深度，显得有些越界；囿其个性，又显得有些疯狂。自一九八六年在《南方建筑》发表《四川方言里悟出的建筑情理》以来，一发不可收，确实有点"三更造饭，五更拔营"的味道。走得越远，越觉得没有边界；看得越多，越觉得更好的还在后头。显然有些走火入魔了，正如有朋友讥评："有病"，"疯了"。自己也感到状态有些可怕。其实，此时最大的问题是准备不足，势单力薄。面对如此博大精深的乡土物质瑰宝，往往束手无策，尤其深感这不是单个专业能完美解决的问题。它是一个人文、自然全覆盖的领域。于是想到"调整"一词，就是把自己最熟习的知识和技能集中使用在研究上，而不是去东施效颦，仿制一幅某一专业的通行模式图。这样，一种比较适合我行事风格的想法渐自形成，那就是回归开始时的初衷，通过专门的深度乡土建筑旅游，发展一种超乎专业的业余爱好。当时，人过四十，已到中年，感觉尚有精力，似还游刃有余，特别强烈意识到要有一种接近美术专业的其他兴趣来支撑后半生，以对抗衰老。为此，设计了若干由远及近的四川境内调研路线，经辗转换乘在一天时间内可直达川东、川南、川北任何一调研点，这种办法专为逐渐衰老而作，因此，六十岁左右才把重心转移到较近的川西。

　　通过在上述四川境内汉族习惯居住区内的东寻西找，对乡土建筑一个"面"的形态、类型、分布有了了解，同时有了惊人的发现：四川汉族地区只有单体散居和场镇聚落两种形态，没有发现其他省区普遍存在的自然聚落。这一差别实际上就是四川，包括重庆地区乡土建筑最大的特色。回首此论形成，至少花去二十年，终于以一篇《巴蜀聚落民俗探微》的文章，引起国内外注意。然而，此论是否厘清了人们长期纠结的巴蜀乡土建筑原点问题，还有待于不同观点拿事实说话来争鸣。因为这只是一个业余爱好者的深度旅游结论，他的发现是从徒步、手绘、随笔中来，"路子比较野"……

循着"野路子"继续走下去，不断扩大考察范围，同时进一步思考，终于逐渐形成关于四川乡土建筑两条路线发展的清晰思路：一是单体发展的最高境界是庄园，诸如温江陈家桅杆、江津石龙门庄园等；二是场镇聚落中的高水平文化场镇，诸如犍为罗城船形镇、三台西平盘蛇状镇等。这就是四川乡土建筑不同于全国，可以代表四川地域特色的典型。本书收集的实例，正是这些典型的基础和细胞。